时间的年轮

转动

汪波 著

·桂林·

ZHUANDONG SHIJIAN DE NIANLUN
转动时间的年轮

出版统筹：汤文辉
品牌总监：耿　磊
选题策划：耿　磊
责任编辑：王芝楠　徐艳丽
美术编辑：刘冬敏
营销编辑：杜文心　钟小文
责任技编：王增元

图书在版编目（CIP）数据

转动时间的年轮 / 汪波著．—桂林：广西师范大学出版社，2020.8
（时间之问：少年版；3）
ISBN 978-7-5598-3022-7

Ⅰ．①转…　Ⅱ．①汪…　Ⅲ．①时间—少年读物　Ⅳ．①P19-49

中国版本图书馆 CIP 数据核字（2020）第 124683 号

广西师范大学出版社出版发行
（广西桂林市五里店路 9 号　邮政编码：541004
网址：http://www.bbtpress.com）
出版人：黄轩庄
全国新华书店经销
北京博海升彩色印刷有限公司印刷
（北京市通州区中关村科技园通州园金桥科技产业基地环宇路 6 号　邮政编码：100076）
开本：889 mm × 720 mm　1/16
印张：8.25　　字数：65 千字
2020 年 8 月第 1 版　　2020 年 8 月第 1 次印刷
定价：42.00 元

各位好奇心旺盛的少年朋友们好，

此刻你们捧着这本书，也许很好奇作者是谁？而我同样看不到你们，也好奇地想象着读这本书的人是谁？在我眼前，出现了未来的科学家、音乐家、工程师，还有医生、程序员、诗人，又或是任何一个普通人。我猜你们都喜欢在大自然里自由自在地行走，喜欢梦想未来。

我小时候也喜欢梦想将来。前些天我翻出了初中的一篇日记，上面写到了我的一个梦想。有一次我发现数学里的函数居然和物理图像有着紧密的联系，一瞬间两门学科像交错生长的植物关联在一起，这个发现让我非常兴奋。于是我有了一个异想天开的梦想：将来我要把各科知识有机结合起来，互相促进，寻找出它们之间的内在联系……

后来在忙碌的学业和工作中，这个想法渐渐淡忘了。但它没有完全消失，只是悄悄埋在了心里。如今这个想法生根发芽了，我迫切地想把它分享给你们。那么，我会如何完成这个艰巨的任务，把不同的学科串联起来呢？我选择的是一种特殊的材料——时间。因为，在时间里隐藏着广阔宇宙和微小粒子的秘密，在时间里铭刻着我们生生不息的文化和节气民俗，在时间里运行着身体和生命的规律。那么，如何用时间串联起这一切呢？不是在课堂上，而是在旅行中。我邀请你一起加入一场父母和孩子的旅行，在群山中倾听大自然的呢喃，在大自然中漫步、搭帐篷、登山漂流，跟亲近的人探索其中的天文、物理和生命的奥秘，这会不会是一种很酷的体验呢？

作为一个好奇的少年，也许你很想弄清楚：宇宙是如何起源的？夜空为什么是黑色的？时间能倒流吗？节气是阴历还是阳历？钟表为什么嘀嗒嘀嗒地走动？为什么人到了晚上就会困倦？让我们一起在旅行中发现这一切。每个周末，两个孩子会跟着爸妈出去探索自然。野外无穷的新鲜事物，孩子们都喜欢叽叽喳喳向父母问个不停。每次出游都有一个与时间有关的主题，或者是节气、或者是天文，又或者是动植物。我希望你们以世界作为唯一的书本，体会这些令人激动的发现时刻。

我们会探索时间的起源，时间的箭头和方向，宇宙在时间中的演化，节气和闰月，精密的时钟和人体里的生物钟。你会了解到我们农历新年的日期起源于何时，时间在高山上比在平原上流动得快那么一点点，时间的箭头有可能反过来，从未来流向过去，而身体里的生物钟也会跟随着地球自动调节时间。我会用一锅意大利字母面来比喻宇宙的起源，用帐篷里的影子来描述十二星座，用小溪里的漂流来说明时间如何变慢，用荡秋千来演示时钟的原理，用积木来解释闰月是怎么回事，用远去的汽车尾灯来形容宇宙如何加速膨胀。

除了收获知识，我更希望你们能在大自然中体验到生命的瑰丽和亲情的美好，体会到父母对你们的付出和陪伴的不易。在野外露营中，拆装帐篷、挖沟渠，这些活儿都缺少不了爸爸，爸爸在科学方面的丰富知识和野外环境中的沉着冷静是你们的榜样；当然妈妈的悉心陪伴也不可或缺，妈妈在文学、诗歌、音乐方面的修养是你们的心灵的营养。

也许你们现在每天都有一些奇妙的想法，那么请好好收藏它们，万一哪天实现了呢，就像我曾经的这个知识融合的想法。也许曾经有门课你无论如何努力都学不好，但这很可能与智力根本无关，只是与某个特定思考方式有关。也许这场野外旅行中的某个情景会让你有所领悟，为你打开一扇新的大门。

我想象不出，这部作品会以一种什么样的方式影响到你。也许它只是陪你度过一段时光。也许它为你通往宇宙的奥秘打开了一道门缝，让你直接体会到世界的神奇，而无须陷在公式堆里。也许它为你展示了先人的智慧和他们留下的巨大遗迹，令你对他们刮目相看。也许你会意识到所谓的现在并不存在，从而不再纠结于英语的过去时和现在时。也许你会恍然明白世界不再以你为中心——不论是在家里还是在广阔宇宙里，而你也能从容以待。又或者对着星空发呆时，你会突然意识到你身体的元素亿万年前也曾经飘曳在那里，经过漫长的旅行重新汇聚在你的身体里……

世界在你面前展现为一个圆环，而你是其中的一段弧，与大自然、父母以及所有人连接在一起。

那么，让我们开始这段时间之旅吧！

目录

第五章 年轮

第五章

年 轮

篮球上的弯月：夜空中的日历

夏日已入伏，连绵不绝的蝉声伴随着酷热笼罩在人们周围。又是一个外出的周末。

周五晚上，一家人开车来到了露营地。停好车后，爸爸卸下帐篷，拎到露营地，开始搭建。支好帐篷后，却一时找不到固定钉。妈妈说：“是不是落在车上了？”爸爸于是一个人往停车场走去。妈妈拿出防潮地垫，铺在草地上。哥哥和妹妹坐在上面，一起等爸爸。

树影后面，一弯新月悄悄露脸，挂在天空中。

哥哥看着天上的弯月，问:“妈妈，今天是不是七夕？”

“我不记得了，一会儿问问爸爸。”妈妈说。

过了一会儿，爸爸回来了。妈妈看他手里空空的，便猜到了八九分。

“会不会掉在路上的草丛里了？”妈妈问。

“有可能。不过天这么黑，不太好找。”爸爸说。

“我们来玩寻宝游戏吧！”妹妹突然跳起来喊道，“谁先找到固定钉，就奖励谁公主贴纸！”她想把一切都变成游戏。

哥哥低着头还在想阴历的事情，对贴纸并不感兴趣。

“我和你比赛！”妈妈拿了一个手电筒。妹妹很高兴，一蹦一跳地到草地上仔细寻找。

“爸爸，今天阴历几号了？是不是快到七夕了？”哥哥问。

“你猜一下。”爸爸说。

“怎么猜呢？”

爸爸指了指月亮。

哥哥抬头看了看天上，是一钩细细的弯月。

“今天肯定不是十五。”哥哥说。

“嗯，不错的开始。”爸爸从地上揪了一把草握在手里，缓缓说道。

“今天的月亮一点儿也不圆，所以应该也不是十五附近的日子，比如从初八或初二十二附近。”哥哥一边想一边说。

“不错，现在只剩下两头了。那么，是月初还是月尾呢？”爸爸问。

哥哥拿不定主意。他拿起一根树枝，在地上画了一个简图，看了半天，还是想不明白。

今晚的月亮只有一小片，光线非常微弱，露营地四周很昏暗。

“对了，我有一个主意能知道今天是阴历几号。”爸爸说，“不过，我需要一个手电筒。”

哥哥从背包里找到一个手电筒，递给爸爸。

“你和妹妹带球没有？足球、排球、篮球都可以。”爸爸问。

“有一个小篮球。”哥哥将球翻了出来，拿在手上。

“很好！”爸爸说完，站到几米之外，手里拿着手电筒，“假设我的手电筒是太阳，射出阳光，你手里的篮球是月亮，反射阳光。”

▲用手电筒和篮球模拟月球上的光与影：
从不同角度看到不同大小的明亮区域，即月相

“那么，地球在哪里呢？”哥哥问。

“你的头就是地球，你的眼睛看到的，就是地球人看到的天空。”爸爸说。

“明白，太阳！”哥哥应道。

“很好，地球！现在，你那里是黑夜，所以请背对着我，因为太阳已经落山了。”爸爸说。

“明白，接下来呢？”哥哥背过身大声喊道。

“用手稳稳地托着篮球，向你的前方伸展手臂，稍微高过头顶。”爸爸指挥道，“一直保持这个姿势。”

爸爸站在几米远的地方，用手电筒照射着哥哥头顶的篮球。

“现在，你看到了什么？”

“一个完全被光线照亮的篮球。”哥哥仰头看着篮球说道。

“对，这就是一轮满月，大约是在阴历十五。”

“为什么要把篮球举得高过头顶呢？”哥哥说着，把篮球放低到和头一样高的位置。这时他的头刚好挡住了手电筒的光线，篮球又变暗了。

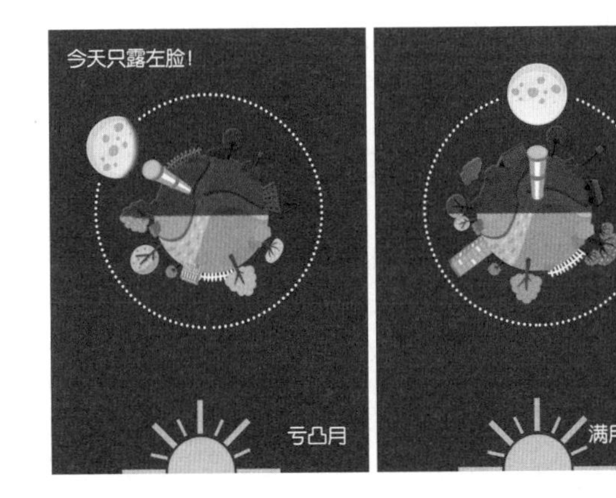

“那是因为月球轨道和地球轨道之间有一个小的夹角。如果没有夹角，就像现在，篮球和你的头在同一高度，那就每个月都会发生一次月食了。”爸爸说，“而且，发生月食的时候，月亮的阴影和光亮的分界线是一段圆弧，那就是地球的影子，这也证明了地球是圆形的。”

“哦，原来如此。”

“现在，逆时针向左稍微转动身子，保持手臂伸直，你又看到什么？”爸爸手电筒的光芒跟随着哥哥手中的篮球也移动了一点儿。

“篮球的右边没有被照亮，出现了阴影。月亮已经不圆了。”

“很好，月相亏了一些，所以又叫亏凸月，大约出现在阴历十八。”

“如果反方向顺时针旋转，那就是模拟时间回到了阴历十五以前吧？我试试。”哥哥向右旋转，月亮回到原来的位置再次变圆，他继续向右旋转，月亮的左边出现了阴影。

“对，”爸爸说，“现在时间应该回到了阴历十二左右。你注意到没有，月亮现在是哪边亮？”

“右边亮。”哥哥看了一眼篮球说。

“所以阴历十五之前，月亮应该是右边亮。我们现在应该是月初。”

“是吗，能直接验证一下吗？”

“好啊，我们先来到新月初一，也就是完全看不到月亮的日子，月亮刚好在地球背面。”

“怎么做才是新月的情景呢？”

“你可以转过身来，面对着太阳举起篮球。但是在夜晚，你的头应该背向太阳。”

“那我就什么也看不到了。”

“对，这就是天文上的新月，农历中叫‘朔’，这一天完全看不到月亮。继续逆时针转一点儿，就来到了月初，会看到眉月。”

月初眉月

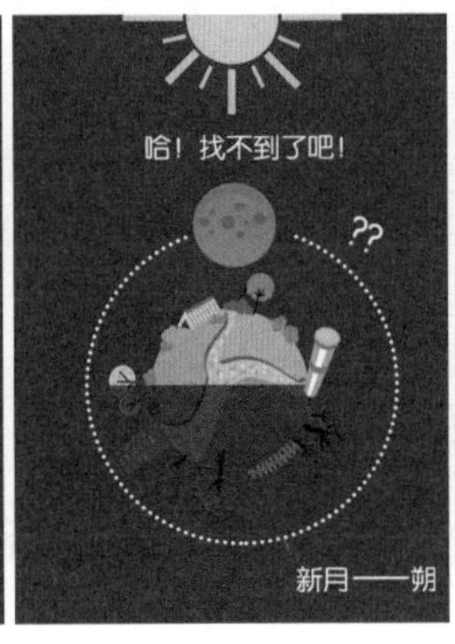

新月——朔

月末残月

哥哥逆时针转了一点儿，看到月亮的右边被照亮了一条边："果然是月初右边亮。"

哥哥又反方向转过新月，月亮的左边被照亮了一条边，这是月底的残月。

就在这时，妈妈和妹妹回来了。

"妈妈，我有个好消息，我知道今天是阴历几号了！大概是初三或者初四。爸爸刚才和我演示了月相的变化。"哥哥说。

妈妈睁大了眼睛，对哥哥说："跟我们讲一讲，月相是怎么变化的？"

哥哥又与爸爸重新演示了一遍："从新月开始，月亮先从右边变亮，从眉月到上弦月也就是半月，然后逐渐变成满月。在下半月里，月亮从右边开始变暗，逐渐变成左边的半月和残月，最后回到新月。"

哥哥说完了，妹妹的眼里充满崇敬。"我们也有一个好消息给你们，"妹妹骄傲地对爸爸和哥哥说，一边举起了手中的固定钉，"就在车子后备箱旁边的草地上。"

"太好了！"爸爸接过固定钉，用锤子把它们打入地下，固定住帐篷。

▲月相从左到右依次是：1 朔（新月）、2 眉月、3 上弦月、4 盈凸月、5 满月，然后逐渐变小为 6 亏凸月、7 下弦月、8 残月和 9 晦

“对了，爸爸，我还有个问题，”哥哥问，“为什么刚才我们要逆时针旋转？”

“因为从北极上方的太空看地球和月亮，月亮就是逆时针绕着太阳转的。”爸爸说。

“那南半球的人呢？”哥哥机敏地问。

“他们跟我们脚对脚，刚好相反。”

妹妹弯下腰，头朝下看着月亮，哥哥也学她。

“现在月亮是左边亮！”哥哥叫道，“这么说，南半球的人此刻看到的月亮情况与我们这儿颠倒，是左边亮？”

“正是！”爸爸回答。

“啊哈！同一个地球上的人，同一时刻看到的月相竟然是不一样的。”哥哥感慨道。

“月相是最天然的日历，它指示日期，规定了团圆和庆祝的日子。每个人都能读懂这本日历。这本天上的日历，循环一次就是一个月。”爸爸说。

“那一个月有多少天呢？”妹妹问。

“粗略讲是 30 天。但是如果规定每个月都是 30 天，用不了多久就会出问题，月圆的日子跟阴历十五相比将会越来越晚，一年以后，月圆的日子就跑到了阴历二十一左右，这说明 30 天太长了。而每个月如果规定为 29 天又太短了。所以，月亮圆缺一次需要的时间介于 29～30 天之间，大约是 29.5 天。”

“这就是我们的阴历？”哥哥问，“那阳历呢？”

“你要想知道阳历，现在赶快睡觉，明天一大早起来我告诉你。”爸爸说。

“为什么明天要一大早起来？”妹妹不满地问。

“到时你就知道了。睡觉前我要许一个愿，希望能实现。”爸爸说。

“什么愿望？”哥哥问。

“不能说哦，说了就不灵了。”爸爸神秘地笑道。

大家钻进帐篷，睡下了。

月相

月相周期变化，形成了天然的日历。阴历十五月亮完全被照亮，称为“望”，此时太阳、地球、月亮大致成一条直线。但由于太阳运行的黄道与月亮运行的白道*之间有夹角（相当于上文中哥哥举起篮球高过头顶），地球一点儿也没有把照射到月亮的光挡住，所以我们能看到满月。

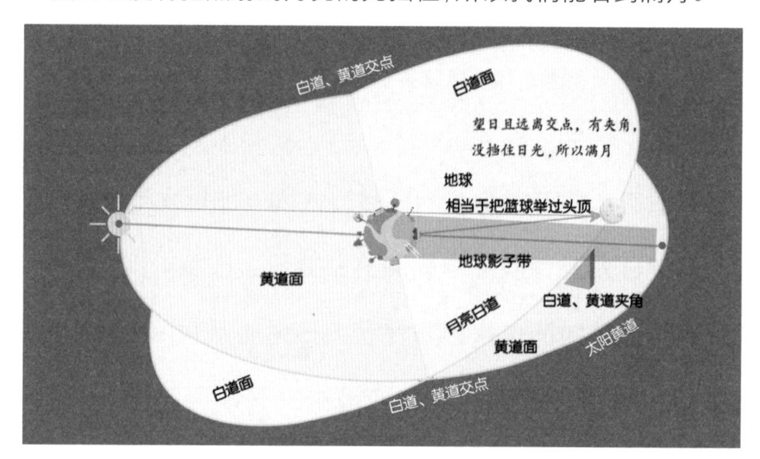

▲满月发生在望日，地球没有挡住照向月球的日光

---

* 黄道是指从地球角度看，太阳一年内在恒星背景中穿行的轨迹。注意，黄道不是太阳一天之内在天空中划过的轨迹。白道是一个阴历月之内，月亮在恒星背景中穿行的轨迹。注意，白道不是月亮一夜之内在天空中划过的轨迹。

月食

当太阳和月亮运行到黄道面和白道面的交点时，日、地、月在一条笔直的线上，地球刚好挡住了太阳照向月亮的光，或者说月亮进入了地球的影子里，这样就形成了月食。

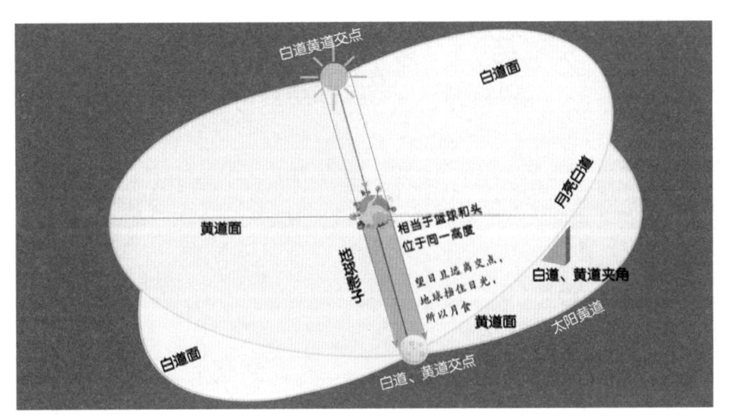

▲月食发生在望日，此时太阳和月亮分别位于白道与黄道两个交点处，日、地、月在一条笔直的线上，月球进入地球的影子里

同一类型月食重复的周期：沙罗周期

月食发生需要满足两个条件：一是在望日，即太阳和月亮刚好位于地球的两侧；二是太阳和月亮分别位于白道和黄道的两个交点。前者出现的周期是 29.53 天，后者出现的周期是 27.212 天，二者同时出现的周期就是这两个数的最小公倍数，大约是 6 585.33 天，即 18 年多一点儿，这个周期叫“沙罗周期”。如果今天发生了月食，那么经过一个沙罗周期，在地球上的同一个地方又可以见到同样类型的月食。注意，这里指的是下一次“同样类型”的月食，而不是下一次月食，下一次月食并不需要等 18 年。

天狼星与阳历：年的回归

第二天一早，天还没亮，哥哥就听到爸爸叫他们起床。

“我的愿望实现了！”爸爸高兴地说。

“什么愿望？”哥哥迷迷瞪瞪地翻了个身。

“昨晚睡觉前许下的愿望，你不记得了吗？我会给你们一个惊喜！”

“惊喜在哪里？”妹妹也醒了。

“就在不远处，东方。”爸爸说。

“什么东西这么神秘？”妈妈问道。

“起来就知道了。”爸爸不由分说把大家拉起来。

大家好不容易起来了，睡眼惺忪，打着哈欠。在这样一个周末的清晨，从床上爬起来实在是一件需要毅力的事情。

哥哥和妹妹晃悠悠地站起来，在爸爸妈妈的搀扶下走出帐篷，他们的头脑仍有些发涨。妹妹很不满意这么早就被叫醒，一直哼哼唧唧。

夜色已经褪去，帐篷外的光亮让大家稍微清醒了一些。爸爸背着妹妹，带领大家走到了附近一处高地，然后把妹妹放了下来。

天气很好，没有一丝云。东方的天空已经开始泛白，清晨的微光映照在他们迷茫的脸上。太阳还没升起来。

“我们是要看日出吗？”哥哥问。

“你说对了一半！但日出太平常了，接下来出现的可是一年才能看到一次的景观。”爸爸说。

“那还有什么？”妹妹终于完全清醒了。

“看那边。”爸爸指着东北方向的地平线说。

从他们所在的高地向东北方的地平线看去，刚好是一片平原，没有遮拦，在地平线附近的天空出现了一圈圆晕。

“可那里什么都没有啊。”哥哥抱怨。

“耐心等一下。过一会儿，在太阳旁边会出现一颗明亮的星星。”爸爸说。

“是太白金星吗？”妈妈问。

“不，是一颗恒星，”爸爸一边盯着东南面，一边说，“大犬座的天狼星，它是整个天空中最亮的恒星。它将和太阳同时升起。”

“这可能吗？”哥哥说，“太阳的光芒会掩盖掉天狼星吧？”

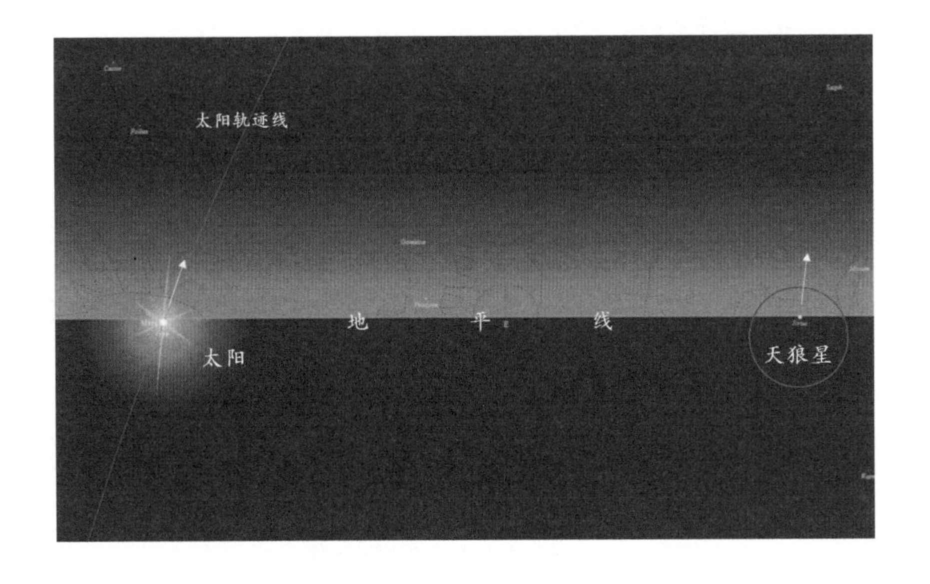

“哦，你说得有道理。”爸爸说道，“但天狼星非常亮，而且距离太阳升起的地方有一段距离，所以会在太阳的光晕旁同时显现。”

“这有什么特别的吗？”妈妈问。

“这就是传说中的天狼星‘偕日升’！”爸爸说，“每年夏季有一天，天狼星和太阳会一起在东方升起。对古埃及人来说，偕日升意味着尼罗河水定期泛滥的开始和一年最重要季节的来临。”

“哦，我想起来了，尼罗河水每年会定期泛滥。”哥哥说。

“对，洪水冲来的淤泥能使土地肥沃，这对古埃及人一年的收成

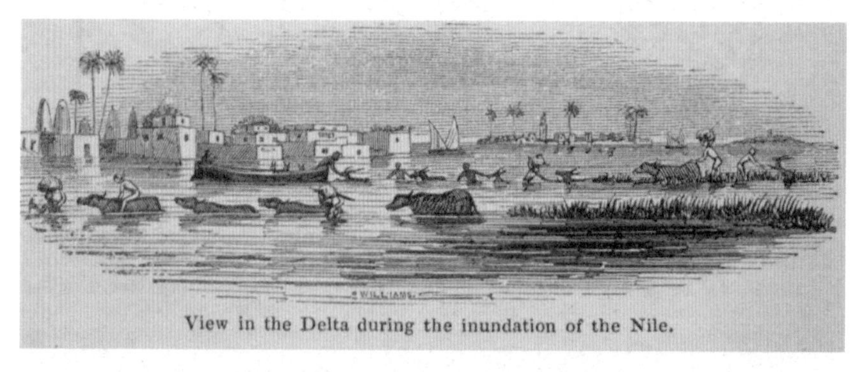

▲尼罗河水每年夏季定期泛滥

至关重要，所以古埃及人极为看重这一天，他们把这一天作为新年来庆祝。”爸爸说。

“好期待这一时刻！”哥哥说。妹妹瞪大眼睛，虽然她还不明白这意味着什么，但是她已经变得精神了，眼睛一眨不眨地看着东方。

“快看，要来了！”爸爸提醒。

在他们说话时，东南方的地平线上渐渐升起一个发亮的小点，即使在清晨这么明亮的天空里，仍能分辨出它发出的光芒。大家高兴地欢呼起来。

太阳的巨大圆晕越来越明显，天狼星也跟随太阳渐渐升高。

“这天象每年才一次吗？”哥哥问。

“对。天狼星的定时回归确定了古埃及人最自然的日历。循环一次刚好是一个太阳年，所以这是一部太阳历。”爸爸说。

“也就是所谓的阳历？”哥哥问。

“对，但它和现在的阳历不完全一样。古埃及的太阳历是我们今天阳历的基础。”爸爸说。

“真巧，我们昨晚说了阴历，今天又见识到了太阳历。”妈妈说。

“古埃及人的太阳历，一年有多少天？”哥哥问。

“古埃及人发现天狼星大约每 365 天定期回归，于是把一年规定为 365 天，一年 12 个月，每个月 30 天，多出的 5 天则作为公共假期。不过，这里有一个问题。”爸爸说。

“什么问题？”哥哥问。

“你忘记了吗？地球绕太阳一周的时间比 365 天稍微多一点儿，大约多了 1/4 天。”爸爸说。

“这也就是我们 4 年一次闰年的缘故？”

“对。罗马凯撒大帝颁布的儒略历年平均时长为 365.25 天，中国汉代的太初历也是如此。”

过了一会儿，太阳完全升起来了，盖住了天狼星的光芒。大家开始往回走。

清晨的露水在朝阳下熠熠生辉，妹妹停下脚步用手轻轻一拨，这些发亮的“小太阳”就从长长的草叶上滚落下来。

“我有个问题，”哥哥走在后面，问爸爸，“为什么这一天太阳和天狼星会同时升起？”

“夏至已经过了吗？”爸爸回过头来问道。

“我知道，夏至已经过了！”妹妹“抢答”。

“为什么这么问呢？”哥哥问。

“你们知道，过了夏至，白昼越来越短，每天的日出都比前一天晚几分钟，对吧？”爸爸说。

“嗯，太阳越来越赖床了。”妹妹说。

▲天狼星偕日升之前一个月的景象，此时天狼星比太阳更早升起。之后，天狼星升起的时间越来越晚，而日出的时间越来越早。终于在一个月后，二者同时升起

“而天狼星升起的时间越来越早，每天都比前一天早 4 分钟。”* 爸爸接着说。

“像只早起的百灵鸟。”妹妹立刻接过爸爸的话头。

“到了偕日升这一天，太阳和天狼星升起的时间终于一致了，它们同时在东方升起。”

“为什么天狼星升起得越来越早，难道星星不是每晚都可以看到的吗？”哥哥问。

“这可不一定。我们位于北半球，只能看到北半球天空和赤道附近天空的星星。位于我们头顶上方的星空，全年都可以见到，而天空中靠近赤道的那些视角较低的星星就没那么幸运了。”爸爸说。

“这是为什么呢？”妹妹问。

“由于地球自转有一个倾角，一年当中有些日子里，那些视角较低的星星在夜里会跑到地平线以下，所以我们就看不到它们了。”爸爸说。

---

* 地球公转 360° 需 365 天多，所以从地球看出去，星星在天空中的位置每天改变大约 1°，出现的时间每天改变 4 分钟（24 小时乘以 60 分钟，然后除以 360，等于 4 分钟）。

“那天狼星也是如此吗？”妈妈问。

“对，在春夏之际，天狼星在夜空中会消失 70 多天。之后，天狼星升起的时间越来越早，终于出现在黎明的天空。在北半球不同纬度的地方，天狼星升起的日子稍有不同。对于中国大部分地区来说，在七月底八月初。”爸爸说。

他们在路上边走边玩，迂回了很久才回到露营地。

阳历的起源与沿袭

大约在公元前 3000 年，古埃及人发现尼罗河水每年定期泛滥，天狼星偕日升也在此时发生，于是把这一天作为新年的开始，制定了太阳历，将一年分为 12 个月，每个月 30 天，剩下 5 天作为公共假期。

▲巨大的金字塔挡住了部分太阳光晕，可以更加清楚地看到天狼星偕日升

凯撒大帝于公元前 45 年以太阳历为依据，颁布了儒略历。儒略历规定，平年有 365 天，每 4 年设置一个闰年，为 366 天，故一年平均有 365.25 天。经过 1 000 多年的沿袭，儒略历的误差已经达到了 10 天左右，直接影响到了复活节日期的确定。

1582 年，格里高利十三世颁布新历法——格里历，规定一年有 365.242 5 天，这与目前测量到的 365.242 19 天非常接近。也是每 4 年设置一个闰年，100 的整数年不设置闰年，但 400 的整数年仍设置一个闰年。格里历成为现行通用的公历，每 3 300 年误差累积会达到 1 天。

地球曾经的一年更长

在地球的远古时期，一年有多少天呢？科学家发现珊瑚每天和每年的生长节奏会固化在化石中，留下大小不一、随着日期和年轮变化的痕迹。通过对早期石炭纪珊瑚化石的研究，科学家估算出了地球在远古时期一年的时长。那时候，地球上一年的时间比现在更长，在 3.5 亿年前大约有 385 天。

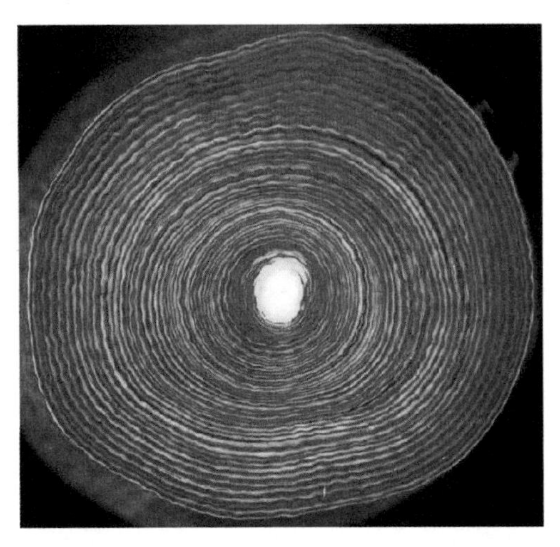

▲珊瑚化石上每天会沉淀一层很薄的碳酸钙，从而记录下每天和每年的生长节奏

夏至小巨蛋：年轮的刻度

太阳已经升高，一家人准备吃早餐。

“爸爸，你昨晚许下了什么愿望，现在可以说了吗？”妹妹问。

“我的愿望就是今早万里无云。”爸爸说。

“没有云彩遮挡住太阳和天狼星？”哥哥问。

“对。昨晚我一直非常担心，因为朝霞太常见了，所以我许下了这个愿望。万幸的是，老天很照顾我们。不过抱歉，这么早就叫你们起来。”爸爸说。

“没关系，我现在不困了，就是有点饿，”妹妹调皮地说，“我现在最想吃小巨蛋！”

小巨蛋是一种半球形的面包，外黄内白，面体扎实，口感绵密，妹妹很喜欢吃。妈妈从保温箱里取出了一个小巨蛋，递给妹妹。又拿出几个分给大家。

太阳炙烤着大地，大家热得出汗了。

“夏至都过去了，天气还这么热。”哥哥说。

“是啊，白天越来越短了，可酷热还没有消散。”妈妈说。

“爸爸，”妹妹想起了刚才路上说的夏至，于是问，“为什么夏至过后，太阳升起得一天比一天晚了？”

“这也算问题？”哥哥看了她一眼，对这个简单的问题不屑一顾。

“你觉得这很简单，是吗？”妈妈对哥哥说，“那你能回答一下妹妹的问题吗？”

“当然可以了！”哥哥说，“那是因为夏至之前，太阳逐渐直射北半球，到了夏至这一天，太阳直射北回归线，然后就开始掉头向南了。在夏至这一天影子最短。”哥哥说。

“所以日头一天比一天低？”妈妈问，“可这并没有解释太阳为什么升起得越来越晚了。”

“这个……”哥哥一时语塞了，他看着爸爸，希望爸爸能解释一下。

爸爸拿起小巨蛋，刚想往嘴里塞，突然想起了什么。他把面包放在一块塑料案板上，然后站起来走到帐篷里，从背包里拿来一把水果刀。他一只手扶着面包，另一只手握着刀，从面包顶部向下斜斜地切了一刀，削掉一块圆盖子，剩下一个有缺口的面包。哥哥看着爸爸，不知道他在做什么。只听爸爸说：“这就是夏至！”然后把切下来的面包一口一口塞进嘴里。

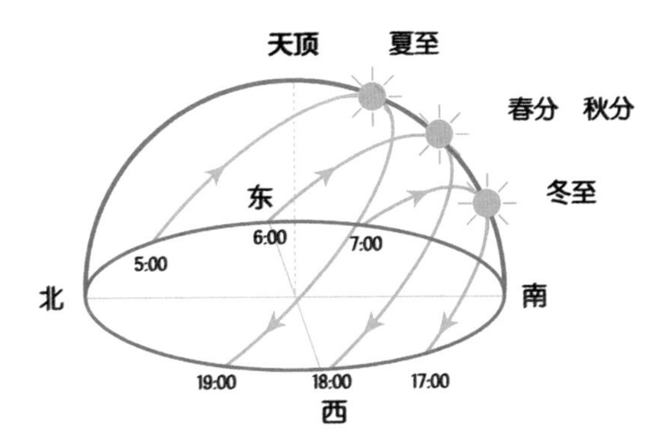

▲不同季节日头的高低不同，日出的时间和位置也不同*

---

* 不同纬度的日出日落时间不同，图中的日出日落时间仅仅是一个例子。

哥哥和妹妹呆呆地看着案板上剩下的一多半面包，又看了看爸爸："这就是夏至？"

爸爸嘴里一口一口嚼着面包，等全部咽下去之后，他说："你们看，假设这个方形的案板延展开来是大地，四条边分别是东南西北。"爸爸又指着案板上的面包，"这个小巨蛋面包无限放大，就是我们头顶的天空。"说完看了看妹妹和哥哥，他们点了点头。

"我刚刚斜切面包时留下的刀口，就是太阳在白天划过天空留下的痕迹。"爸爸用手指着面包上留下的弧线，说道。

妹妹和哥哥偏过头来，仔细看了看这个弧形的切口，正对着北面。

"面包这两个角分别是东方和西方。"爸爸用手指了指案板上面包的两个角，"太阳从东面这个角升起，沿着弧线升到面包的顶部，然后从面包的另一个角落下。东面这个角对应的，比方说是 5 点，西面这个角对应的是 19 点，那么这一天的白天就有 14 个小时。夏至这一天，北半球各地的白天最长。"

哥哥点点头。不过他又有了一个新问题："夏至这一天，不同地方的白昼也一样长吗？”

“不一样长。”爸爸说，“比如在海南三亚，夏至早上 6 点多日出，19 点多日落，那么白昼有 13 个小时多一点儿。而上海是 14 个小时多一点儿，北京有 15 个小时。在中国的最北端黑龙江漠河，白天可以达到 17 个小时。”

“这么说，只有 7 个小时是夜晚？”

“对，在漠河，晚上 8 点多太阳才落山，而凌晨 3 点多太阳就升起来了。”

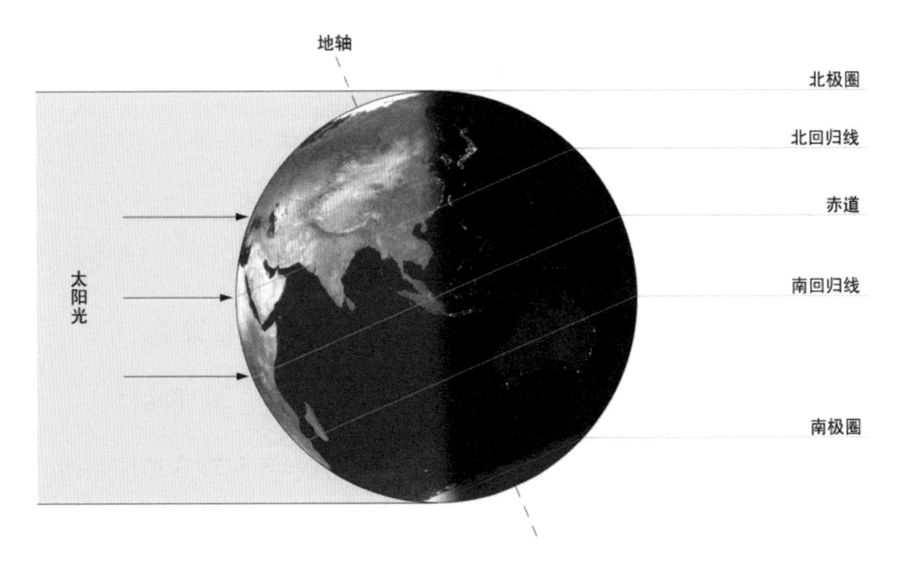

▲夏至太阳直射北回归线［资料来源于 NASA］

“原来夏至这一天这么特别。”妹妹说，“可是，我还是饿，我还想吃小巨蛋。”她手里的面包早已经吃完了。

爸爸沿着刚才的切面，又切下一片面包，递给妹妹，妹妹迫不及待地放进嘴里。

“你们看，”爸爸指着案板上剩下的面包，弧线的高度已经矮了一截，面包的底部也变小了，“5 点和 19 点这两个角已经被妹妹吃进肚子了。”

妹妹做了一个鬼脸，继续嚼着，没空说话。

“现在太阳几点升起？”哥哥问。

“从面包底部的形状看，刚好是个半圆。也就是说，太阳 6 点从正东方升起，18 点在正西方落下，白天和黑夜平分，都是 12 个小时。”爸爸说。

“那就是秋分了？”哥哥问。

“正是！这一天太阳直射赤道，所以昼夜等长。”爸爸说。

“那秋分这一天，不同地方的白昼都一样长吗？”妹妹问。

“是的，都一样长。不论在海南还是黑龙江，不论在赤道还是南北半球，昼夜都是 12 小时。”

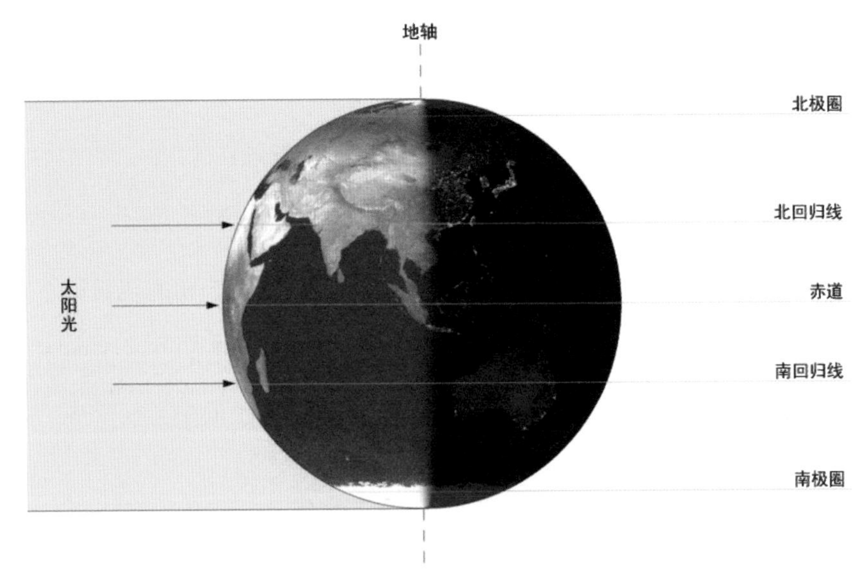

▲秋分、春分太阳直射赤道，全球各地昼夜平分［资料来源于NASA］

“那再往后呢？”哥哥问。

爸爸又斜斜切下一片，哥哥和妹妹同时下手，各捏住面包的一角，用力一扯，把面包片撕成两半，两人手上各有半片。他们互相盯着，赶紧把手上的面包塞进嘴里。

爸爸一只手护住案板上仅剩的一小块面包，另一只手指着切口的弧线说：“看，正午太阳的高度已经很低了，两个角也很小了。例如在北半球某个地方，太阳7点才升起，到了17点就落下了，白天只有 10 个小时。”

“爸爸，你为什么不切了？”妹妹已经把嘴里的面包咽下去了。

“因为已经到冬至，太阳没法再低了。”爸爸说。

“为什么冬天比较冷，因为我们离太阳更远吗？”妹妹问。

“其实冬天寒冷跟这个关系不太大。地球绕太阳公转的轨道虽然是椭圆形，但是非常接近正圆形，所以一年当中季节的变化主要不是由于地球到太阳的距离变化引起的。实际上，北半球的冬至这一天，地球离太阳还更近一点儿呢。”

“那和什么有关呢？”

爸爸让妹妹从她的文具盒里找出一把塑料尺，上面有一个小小的凸透镜。爸爸把凸透镜放在阳光下，对准面包的表面，面包上出现了一个亮光斑。

“当阳光直射在面包上时，这个光斑很小，能量很集中，面包很快就会变热。如果让阳光斜着照射到面包上，光斑就会变大。虽然穿过凸透镜的阳光总量没变，但光线更分散，所以就不会那么快变热。你们知道，冬天太阳在天空的高度最低，倾角最斜，所以温度低于其他季节。”

“冬至是 12 月 21 或 22 日吧？可是我觉得 1 月份更冷一些。”哥哥说。

“你说得有道理。”爸爸说，“虽然冬至日照时间最短，而且日影最斜，但是由于地球的陆地和海洋吸收和释放热量需要一个过程，所以北半球最冷的时节不是冬至，而是之后的大寒，也就是 1 月 20 日左右。”

妹妹不由分说，把爸爸手里剩下的面包全抢了去，躲到妈妈背后吃了起来。哥哥双眼圆睁，耸了耸肩。

关于冬至、夏至、春分、秋分

古人认为，季节的轮回是由于“气”的流动。《史记·律书》中说：“气始于冬至，周而复生。”冬至不仅是一个节气，也是冬天最重要的一个日子。冬至这一天，先人认为太阳运行到了“阴”的极限，所以有“冬至一阳生”的说法。从冬至起，白天开始变长，人们期盼着春天的到来。古代中国历法非常看重冬至，把冬至所在的月份定在农历十一月。汉武帝时期的《太初历》就是以太初元年的十一月初一那一天作为纪元的起点，那天刚好是冬至。

冬至正午的日影为一年最长，所以可测量冬至影长来确定太阳年回归的起点。通过测量两个冬至时刻之间的间隔，可以确定一年的长度。

夏至是北半球白昼最长的一天，通常是 6 月 21 日或 22 日。这一天，北极圈内会出现极昼现象，太阳一直在地平线上环绕着地平线运动。许多国家会在 6 月 21 日举办“夏至音乐节”。

春分和秋分，昼夜长度大致平分，各 12 小时。其中，春分日 3 月 21 日被规定为“国际睡眠日”。《春秋繁露·阴阳出入上下篇》记载：“春分者，阴阳相半也，故昼夜均而寒暑平。"伊朗等国家的历法规定，春分是新年的第一天。

《吕氏春秋》的“十二月纪”已经记录了立春、立夏、立秋、立冬和春分、秋分、夏至、冬至这八个节气。完整的二十四节气的记录出现在《淮南子·天文训》中。汉武帝期间，公元前104年，《太初历》正式把二十四节气加入历法当中。

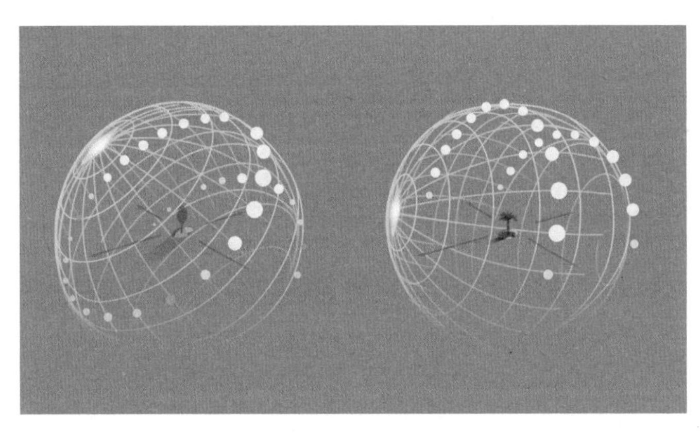

▲冬至和夏至时的太阳轨迹：左图为北纬50° 地区，右图为北纬20° 地区

竹林手谈：节与气

早饭后，哥哥问爸爸附近有没有凉快些的地方，爸爸说不如去旁边的山谷里找一找。

一家人进了山谷，看到山坡上有一大片翠绿的竹子。茂盛的竹林把大部分阳光挡在外面，只有少许阳光能照进去，在地上留下斑驳的影子。他们刚走进竹林，就仿佛到了另外一个世界，非常凉爽。

妹妹从来没有见过这么一大片竹子，兴奋地在里面跳来跳去。风掠过时，竹林发出“沙沙”的声音，偶尔有鸟儿在林间发出一两声鸣叫。妹妹在一根粗大的竹子前停下来，她伸手摸了摸竹身，好奇地打量着一节一节的竹子。她用手敲了敲，听到里面传来清脆的声音。

“里面是空的！”妹妹说。

哥哥走过来，抚摸着竹子上竖直的纹路：“嗯，要是截下一节，就可以做一个竹筒，装饭。”

“你就知道吃！”妹妹瞥了哥哥一眼。

妈妈也走过来：“以前我们中国人把竹子劈开，做成一片一片的竹简，在上面写字。”

“我想起来了，”妹妹说，“竹子还可以盖房子。”

“还可以做成竹筏。”哥哥补充道。

“爸爸，”妹妹问，“竹子怎么有这么多用处？”

“那是因为竹节是中空的，所以可以盛东西，也可以浮在水上；而且因为是一节一节的，所以很结实。”爸爸说。

“古人喜欢竹子，不仅仅因为它实用。”妈妈说，“竹子中间是空的，寓意虚心；而竹子有节，寓意一个人持守正义，有气节。”

“气节？节气？”哥哥对反过来的这两个词很感兴趣，“它们是一个意思吗？”

“是的，都可以说。”妈妈说，“不过，‘节气’还有另外一个意思。”

“就是我们刚才说的夏至、秋分、冬至？”妹妹问。

“是啊，都被你吃到肚子里了！”哥哥调侃道。

“也进了你的肚子里了！”妹妹不甘示弱。

哥哥不和妹妹争，转头问爸爸：“那节气和这竹子的节有什么关系吗？”

“你先说说看，一年有多少个节气？”爸爸反问哥哥。

“当然是 24 个了。”哥哥说。

“不完全对，其实只有 12 个叫‘节气’。”爸爸说。

“那另外 12 个呢？”

“它们叫‘中气’。”

“12 个节气加上 12 个中气？”

“对。节气和中气把一年分为 24 份，而且一个节气紧跟着一个中气，然后又是一个节气。”

“为什么会这样？”哥哥问。

“就像这竹子，”爸爸摸着竹子说，“一个竹节，然后一段竹子，再接着一个竹节和一段竹子，以此类推。”

“为什么要分成两种？节气和中气有什么区别吗？”

“节气就像竹节，比如立春、立夏、立秋和立冬都是节气，它们是一个季节的开始。而中气就像一段竹子的中间，例如春分、秋

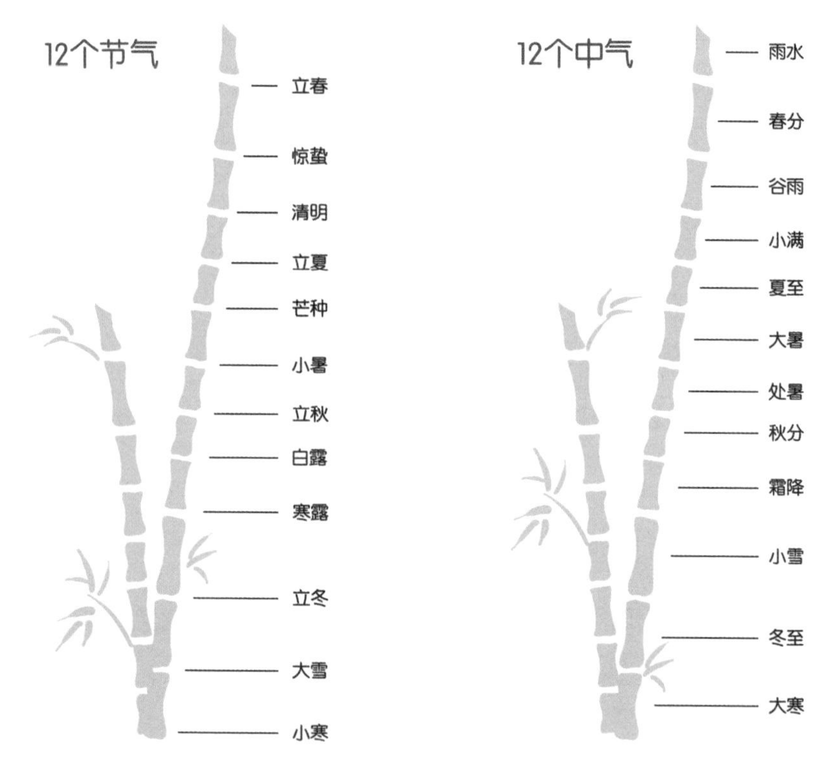

▲节气与中气：节气位于竹子的分节点，中气位于每一节竹子的中间点。每两个中气的平均间隔为 30.44 天，约等于一个月

分、夏至和冬至，位于季节的中间。如果把一个月当成一段竹子，通过特定的历法规定，可以让节气位于农历的月初，而让中气位于月中。”

“我明白了，不过我觉得节气也好，中气也罢，只是一些名词游戏而已。”哥哥说。

“其实，中气的含义没有那么简单，它决定了在哪一年设置闰月，以后有机会你就明白了。”爸爸说。

一家人走到竹林深处，流连其中。在这幽静的竹林里，做些什么来消遣呢？爸爸摸了一下背包，找到一盒袖珍围棋。他问谁想下一盘。

哥哥坐下来，铺开棋盘，两人开始手谈。妈妈和妹妹在旁观战。

哥哥执黑先行，几十回合下来，二人棋势厚重，相差无几。又过了一会儿，爸爸的一条白龙被哥哥围住，哥哥起了杀心，想置白棋于死地，步步紧逼。白棋左右腾挪，终于杀开一条血路。就在嗟叹之际，哥哥发现自己的一众棋子不知何时陷入了白棋的包围圈里，等他开始补救，却为时已晚。

妹妹看累了，跑到一边去玩耍。

哥哥正要投子认输，爸爸指点了一个位置，哥哥恍然大悟，终于让黑棋闯出了重围。二人重新谋篇布局，直到最后的官子阶段才决出胜负。

爸爸想看看下棋下了多久，却发现自己忘记戴表了。他抬头看看太阳，估计快到中午了。大家都饥肠辘辘，尤其是哥哥，于是他们开始往回走。

走出竹林，热气重新袭来。山谷中没有什么树，阳光照在头顶，异常炎热。过了一会儿，终于找到一棵树，大家在树阴里歇息一下。树不太高，再加上时值正午，影子很短。

“这棵树有多高，爸爸？”妹妹随口问道。

“十来米吧。不过，精确的高度可以通过测量影子计算出来。”爸爸说。

哥哥似乎想到了数学课上学过的知识，低头琢磨着什么。

爸爸继续说：“每到正午时分，测量影子的长度，就能知道一年当中夏至和冬至的日期。”

“那其他节气的日期怎么确定呢？”哥哥问。

“既然冬至和夏至把一年二等分，继续分下去就可以四等分，也就是春分和秋分。再三等分一次就可以得到二十四节气了。”爸爸说。

“这听起来很容易。”哥哥说。

“不过，这只是粗略的划分。”爸爸说，“因为地球公转轨道不是正圆形，而是近似椭圆，而且地球运动时快时慢，所以精确的时刻还需要通过天文观测来确定。”

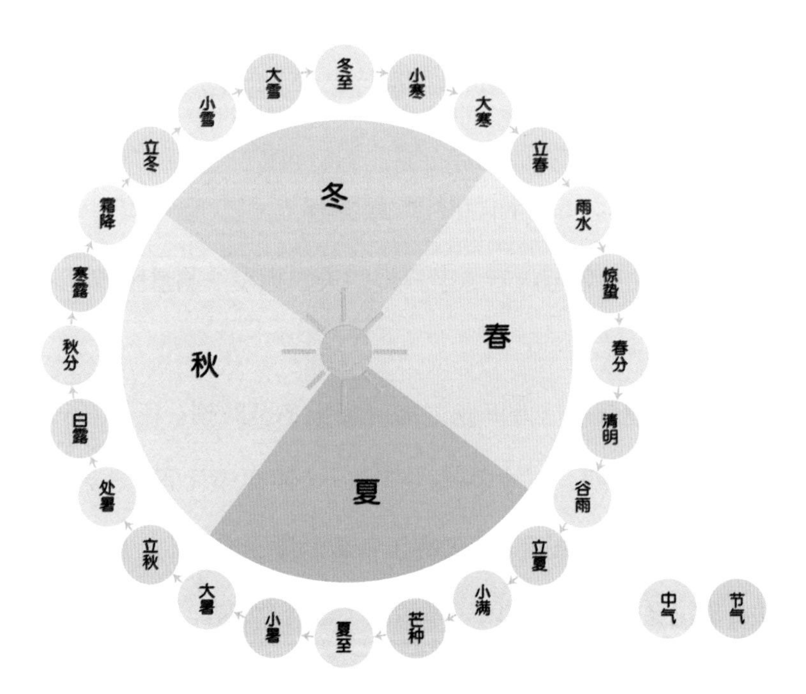

“我还有个问题，”哥哥说，“为什么冬至的日期不是固定在 12 月 21 日，而是有时是 21 日，有时是 22 日？”

“这是因为冬至点并不是某一天，而是某一个具体时刻。所有的节气都如此。”爸爸说，“打开一个农历日历，你就会发现节气那一天还标注了时刻。”爸爸拿出手机，给哥哥找出了冬至的时刻。

“那就有问题了。”哥哥若有所思。

“有什么问题？”爸爸问。

“这个冬至时刻在晚上，太阳应该已经下山了，那该如何测量影长呢？”

“对，这是一个很好的问题。”爸爸说。

“另外，如果夏至或者冬至日是阴天，也没法测量影长。”哥哥又说。

“对，必须解决这些问题才能测量出冬至时刻。不过在一千多年前的南北朝时期，祖冲之就找到了一个简便的几何方法——只需要在冬至前后，选择三个晴天的正午测量影子的长度，就能用数学方法计算出冬至时刻。这就一举解决了这两个问题。”爸爸说。

▲测量日影所用的圭表：竖立起来的柱子叫“表”，水平放置的刻度叫“圭”

“哦，是吗？我以为祖冲之只是计算出了圆周率，没想到他还精通天文。”哥哥说，“如果知道了这个冬至时刻，接下来能做什么呢？”

“两个冬至时刻之间就是一年，”爸爸说，“知道了冬至时刻，人们才能推算出一年的精确长度。另外，在中国古代的天文观测中，冬至经常作为一年的起始点。”

“对了，爸爸，”哥哥问，“你觉得二十四节气到底是阴历还是阳历？”

“为什么这么问呢？”

“因为在我们家的台历上，上半页写着公历日期，下半页写着阴历日期和距离最近的节气。节气和阴历日期放在一起，所以总让人觉得节气是阴历。”

“所以你觉得，二十四节气是传统文化的一部分，应该是阴历，是吗？”爸爸笑着问道。

“是的。可是你刚才说二十四节气是把一年分成二十四份，听起来和月亮没什么关系，那就应该是阳历，但这不是很矛盾吗？”

“对，实际上，我们的传统历法是阴阳混合历：人们根据月圆月缺来确定一个阴历月，同时又根据太阳的季节变化设置节气来指导农耕。只不过二十四节气从春秋战国时期到现在已经有两千多年历史，完全融入了我们的传统文化当中。”爸爸说。

“这么说，二十四节气算阳历？能举个例子吗？”哥哥问道。

“你看，春节、中秋等阴历节日，每年对应的公历日期都不一样，它们的日子是根据月亮的圆缺来定的。而清明、夏至、冬至这些节气日期和公历日期匹配得很好，清明几乎都在4月4日或5

日，冬至在 12 月 21 日或 22 日。”

“哦，好像是这样，夏至基本上在 6 月 21 日或 22 日。”哥哥想了想，点点头说。

过了一会儿，他们休息好了，走回营地。

为什么二十四节气分成十二个节气和十二个中气?

二十四个节气里，节气与中气交替出现。节气一般在月初，而中气在月中。两个中气平均相隔约 30.44 天，与一个朔望月的长度 29.53 天大致相当。中气在设置闰月时有用，具体方法见 5.6节。

节气为什么在两天内波动，而不是一个固定的日子?

因为一个太阳年不是整数天，而是 365.242 2 天，实际的历法却是整数天，每年 365 或 366 天。二者的差别在 0.24 天到 0.76 天之间波动，因而有可能从前一天的晚上波动到下一天的早晨，无法固定在某一日期。

“雨水”节气那天为什么不下雨？为什么“清明时节”反而“雨纷纷”？

节气本身只反映一年当中地球和太阳的相对位置。在节气制定之初，其名字反映的是黄河中下游地区的平均气候特征，并不具备天气预报的功能。除此之外，节气的名字还与物候有关，例如位于 5 月 20 日左右的“小满”，是指小麦的籽粒开始饱满但还未成熟。

2020年二十四节气日期和时刻

（数据来源：香港天文台 www.weather.gov.hk ）

节气	日期	时间	节气	日期	时间
小寒	1月6日	05：30	小暑	7月6日	23：14
大寒	1月20日	22：55	大暑	7月22日	16：37
立春	2月4日	17：03	立秋	8月7日	09：06
雨水	2月19日	12：57	处暑	8月22日	23：45
惊蛰	3月5日	10：57	白露	9月7日	12：08
春分	3月20日	11：50	秋分	9月22日	21：31
清明	4月4日	15：38	寒露	10月8日	03：55
谷雨	4月19日	22：45	霜降	10月23日	07：00
立夏	5月5日	08：51	立冬	11月7日	07：14
小满	5月20日	21：49	小雪	11月22日	04：40
芒种	6月5日	12：58	大雪	12月7日	00：09
夏至	6月21日	05：44	冬至	12月21日	18：02

积木组合：春节的脚步

午饭后，妈妈过来问哥哥和妹妹想不想睡一下，他们摇了摇头。爸爸妈妈有点倦，躺下午休。妹妹在防潮垫上摆起了积木，哥哥也加入进来。

妹妹搭了两排房子，围成一个圆圈。哥哥在两排房子之间摆了两排积木，作为公路护栏。一边的护栏是长一些的蓝色积木，另一边是短一些的黄色积木。

哥哥翻出电动汽车，遥控着这部车在公路上疾驰，时不时撞倒护栏，妹妹立刻上前把护栏重新摆好。两个孩子玩得很投入。

爸爸和妈妈醒来的时候，发现妹妹还在玩积木，而哥哥坐在垫子上写日记。当他写下日期的时候，突然发现暑假的日子已经不多了。

“这个暑假怎么这么短！再过两个星期就开学了。”哥哥感慨道。

“哦，是吗？”妈妈想了一下，“可不是吗，暑假已经过了一多半。”

“我记得去年暑假挺长的，”哥哥说，“整整放了两个月，今年才一个半月。为什么每年暑假的时间都不一样呢？”

“可能是因为今年过年晚吧，”妈妈说，“所以下学期开学和放假都迟。而秋季新学年开学日期是固定的9月初，暑假就被压缩了。”

“那为什么今年过年这么晚？”哥哥问。

“也不是每年过年都晚，去年就很早。”爸爸插了一句。

“今年好像是2月中旬才过年。那去年呢？”哥哥问。

“我记得是1月下旬。因为过完元旦没几天就到了腊八，然后是小年，接着就除夕了。”妈妈说。

“难怪！”哥哥说，“可为什么去年过年那么早，而今年这么晚呢？”

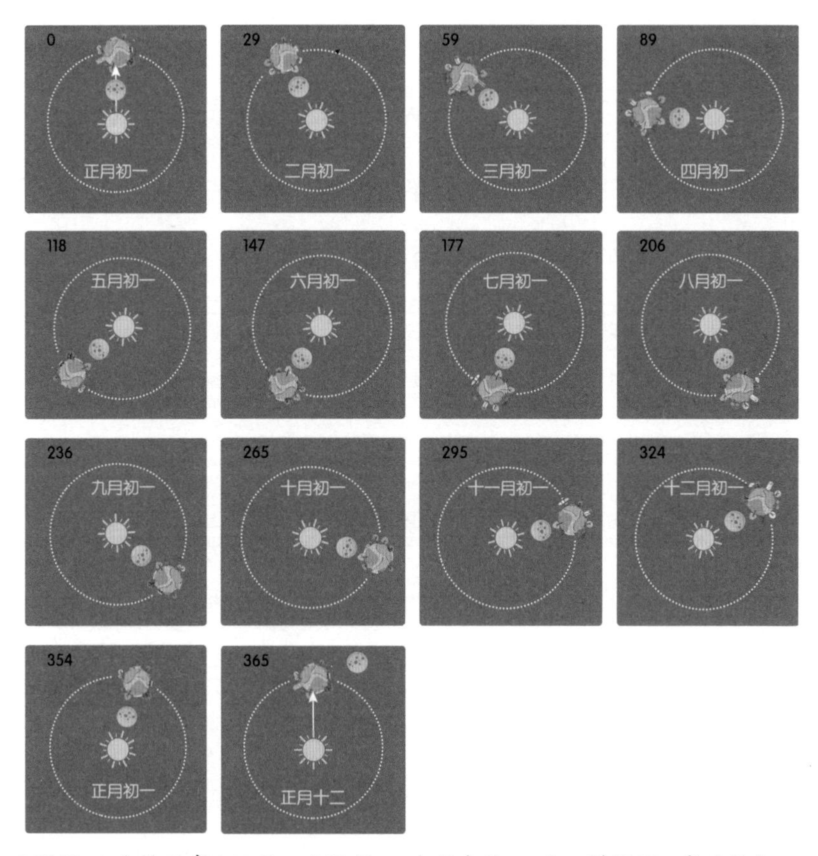

▲阴历 12 个月只有 354 天，比阳历 12 个月少了 11 天。到了下一年正月初一，地球并没有回到公转轨道上的同一位置，需要再多走 11 天才行

“你希望每年春节的日期固定是吗？”爸爸问。

“嗯，至少这样好记。”哥哥说。

“其实，目前的春节也是有规律的。”爸爸说，“多数情况下，当年春节比上一年春节提前 11 天。”爸爸说。

“是吗，能用万年历验证一下吗？”哥哥有点不信。

妈妈找出手机，打开一个万年历程序，念道：“2015 年的春节是 2 月 19 日，2016 年则是 2 月 8 日，提前了 11 天。2017 年是 1 月 28 日，又提前了 11 天。”

“怎么样，我说的没错吧！不过这种情况只能持续两次。”爸爸笑道。

“那 2018 年的春节呢？”哥哥继续问妈妈。

“会推迟 19 天。”爸爸抢先说。

过了一会儿，妈妈查到了：“是 2 月 16 日。从 1 月 28 日到 2 月 16 日，刚好 19 天。”

“你是怎么知道会推迟 19 天的，爸爸？”哥哥惊讶地问道。

“因为 11 加 19，刚好是一个闰月呀。”爸爸眨了眨眼。

“为什么要加一个闰月？”哥哥问。

“因为假如每年都比上一年提前 11 天过年，那么以后就会 12 月过年，甚至是 7 月过年了。这可从来没有发生过吧？”爸爸说。

“那为什么春节会比上一年提前 11 天呢？”妹妹不解地问。

“还记得昨天晚上我们说过的吗，一个阴历月介于 29 天到 30 天之间，大约等于 29.5 天，那么 12 个月就只有 354 天，比正常的一年 365 天少了 11 天，所以每年的春节就提前到来了。”爸爸耐心地解释道。

“可是，加一个闰月，春节应该推迟 30 天才对吧？”哥哥也有些迷糊了。

“别忘了，”爸爸说，“在这一年当中，阴历少了 11 天。抵消掉这 11 天，就相当于推迟 19 天了。”

“哦，原来如此。”哥哥连连点头。

“所以呢，如果某一年的春节日期很早，那么增加一个闰月之后，下一年的春节就很可能会推迟到 2 月中下旬。这样就保证了春节固定在 1 月和 2 月间，而不会跑到 12 月或者 3 月去。”爸爸说。

“为什么要想出增加闰月的方法，难道就没有别的办法了吗？”哥哥问。

“我想，这是一种很自然的方法，就像你们的积木。”爸爸指着哥哥和妹妹刚才玩的积木说，“你们刚才用积木做护栏，一边是较长的蓝色积木，一边是较短的黄色积木。”

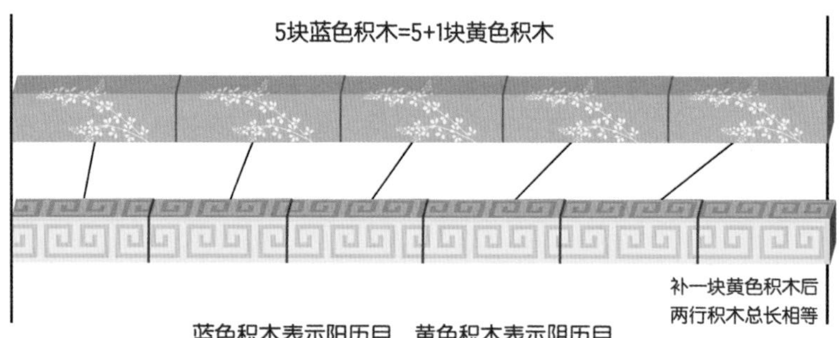

蓝色积木表示阳历月，黄色积木表示阴历月，
一段时间后要多插入一个阴历月，让阴历和阳历重新匹配

爸爸把 5 块蓝色积木连成一行，也把 5 块黄色积木连成一行，把两行积木靠在一起。

“你看，如果蓝色积木代表阳历月，黄色积木代表阴历月，连了几块之后，蓝色的那排积木比黄色的刚好大约多出一块积木的长度。”说着，爸爸又拿起一块黄色积木加在黄色积木后面，“现在，黄色积木的总长度就追上了蓝色积木，公路两边的护栏就基本一样长了。”

“这就是闰月的原理？”哥哥问。

“对。闰月的本意是调和阴历月和阳历月，让它们在一段时间内的日子大致相当。”爸爸说。

“那么，多加的那块黄色积木就是闰月了，可这是怎么算的呢？”

爸爸拿起一块黄色积木说：“阴历月较短，大约 29.5 天。”他又拿起一块蓝色积木，“阳历月较长，每个月平均 30.4 天。”

哥哥看了看两排积木，点点头。

“粗略地说，每年12个阴历月比12个阳历月少了11天，三年下来就少了33天。所以如果每3年增加一个闰月，可以大致弥补阴阳历的差别。这样三年就对应于36个阳历月或37个阴历月。”

“原来多出来的一个闰月是这么来的。”哥哥说。

“但你可能发现了，增加的30天仍不能完全弥补33天的误差，所以人们又继续拉长时间以进一步减小误差。”

“拉长到多少年呢？”

“拉长到19年。中国和古希腊等国家的人们发现，只需在19年里插入7个阴历闰月，就可以让阴历和阳历的天数基本一致。这就是我们通常说的19年7闰*。”

“这能说明什么呢？”

“这意味着，每过19年太阳、地球和月亮的相对位置就重新回到了起点，开始一轮新的循环。”爸爸说道。

---

* 按一年12个月来算，19年有228个月。但实际上228个阴历月比相应的阳历月少了207天，即7个月，所以只需在阴历中多加7个闰月，变成235个阴历月。这样就和228个阳历月的天数变得相等了，都是6 939天。

春节日期的规律

虽然春节和立春分属于阴历和阳历两个体系，但观察一下日历就会发现，春节和立春的日子相差并不远，春节总是围绕着立春（2 月 4 日）波动，前后相隔在半个月左右。

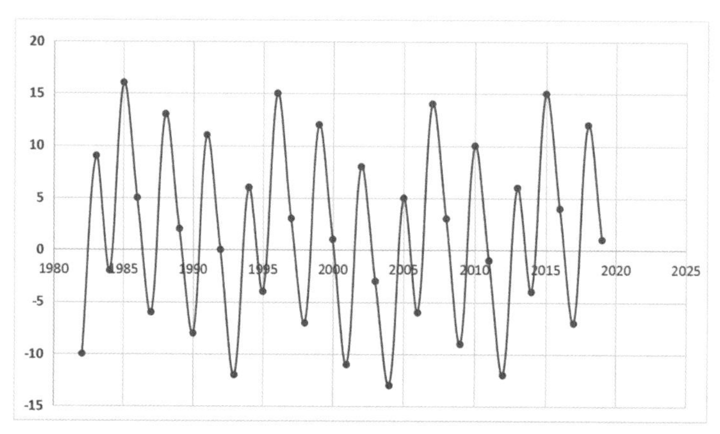

▲ 1982—2019 年春节与立春之间的间隔天数，表格中 0 为立春，圆点为春节

这是因为，现行农历是阴历和阳历的混合。当春节的日子越来越提前，超过立春 15 天时，就会通过增加闰月的方式让二者的间隔回到半个月的范围内。

为什么“两头春”与“寡妇年”的说法是错误的?

“两头春”是指一个农历年中有两个立春，有人认为这样的年份更适合结婚；“寡妇年”是指一个农历年中没有立春，有人认为这样的年份不适合结婚。其实只要看一下历法的安排，就知道这样的说法是站不住脚的。

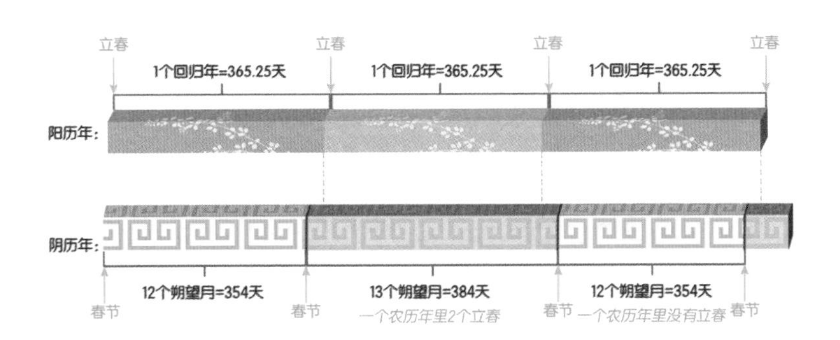

两个立春之间的时间间隔是 365 天多一点儿，而两个春节之间的间隔为 354 天或 384 天（多了一个闰月）。当第一年的春节紧接着立春之后到来时（参见上图），如果这个农历年只有 354 天，小于 365 天，下一年春节就可能会在下一个立春前到来，这个农历年就没有立春了，出现所谓的“寡妇年”。而如果这一年有 384 天，远大于 365 天，这个农历年则有可能包含两个立春，出现所谓的“两头春”。

“寡妇年”和“两头春”何时出现，完全是由闰月设置规则决定的，有规律可循，附加在其上的说法是没有依据的，所以无需担心和紧张。

调和男孩与女孩：闰月的设置

哥哥和妹妹坐在爸爸旁边的防潮垫上继续玩积木，爸爸在一旁看着他们玩，妈妈坐在帐篷外读书。哥哥和妹妹用积木摆出一条笔直的赛道，两人各拿着一辆玩具汽车，数“1、2、3！”，用力推出去，看谁的车飙得快、跑得远。

头几次，哥哥的车总是比妹妹的跑得快、跑得远，妹妹不服气，提出换车，可是换了车之后，还是哥哥的车跑得快、跑得远。妹妹的脸色越来越不好看，最后一赌气，把车一摔，不玩了。她跑去妈妈那里告状："哥哥只顾自己，不让着我！"

妈妈转过身，对哥哥说："妹妹没有你力气大，你让一下她好吗？"

"可是，体育比赛不应该是公平竞争吗？"哥哥辩解道。

妹妹一听，脸色霎时一变，扭头去找爸爸。

爸爸对哥哥说："去和妹妹好好玩。"

"是妹妹不和我玩的！如果她来找我，我愿意和她继续玩。"哥哥说。

爸爸看着站着不动的妹妹，陷入了沉思。他低头看着地上的两辆小车，想起了什么。他把妹妹叫过来，附在她耳旁说了几句悄悄话。妹妹点点头，跑到帐篷里，回来的时候把一个工具包交给爸爸，然后又弯腰从地上捡起两辆小车，也交给爸爸。爸爸坐在椅子上，打开工具包，取出一根细细的钢丝弹簧，将弹簧一头钩在一辆车的尾部，另一头钩在第二辆车的头部，交给妹妹。

妹妹一蹦一跳地去找哥哥继续玩赛车。

这次，哥哥的赛车飞快地冲出去，一下子把妹妹的车抛得很远，但瞬间被拉长的弹簧一下子又把妹妹的车拉上前去，最后两辆车跑得几乎一样远。

妹妹“咯咯咯”得意地笑了。

“这不公平！”哥哥说，“有人拖我后腿。”

“非常公平，这是天之道。”爸爸说。

“什么天之道？”哥哥问。

“天之道，损有余而补不足。如果一个人总是赢，那有什么意思？”爸爸说。

哥哥本来还想抢白几句，爸爸接着又说：“记住，你是男孩子，是明亮的太阳。太阳无私地发光发热，不会计较得失。”

听到这一句，哥哥高涨的心气落了下来。

“那我呢？”妹妹问。

“女孩子是月亮，”妈妈走过来，手扶在妹妹肩上说，“皎洁的月亮。”妹妹的脸庞笑得像一轮圆月。

“如果太阳走得快了，就要等一等月亮。”爸爸说。

“可是，天上的太阳是不会停下来的。”哥哥说。

“那我们就帮一下月亮，在阴历上增加一个闰月。”爸爸说着，弯腰捡起几块积木拿在手里，有蓝色的，也有黄色的。

“哦，闰月！”哥哥忽然想起了什么。

“是啊，闰月。一个太阳，一个月亮，怎么调和？就像你们两个，一个男孩一个女孩，怎么调和？这是个难题。”爸爸说。

哥哥和妹妹相互看看，没有说话。

“自古以来这就是个难题，难倒了世界上最优秀的头脑，他们有古希腊人、巴比伦人、中国人、希伯来人。”

“可是，”哥哥想起了什么，说，“刚才我们不是说到增加闰月吗？每 19 年增加 7 个闰月，就可以解决这个问题了。”他似乎忘记了和妹妹的争吵。

“可没那么简单哦，”爸爸说，“19 年 7 闰虽然比 3 年 1 闰更准确，但毕竟仍只是近似。另外，这 7 个闰月到底分别增加到哪一年、哪一月呢？这也是个问题。”

“为什么呢？”哥哥问。

“古希腊人曾经设想把增加闰月的年份固定，中国人曾经把增加的闰月固定到年底，但这些都存在一定的缺陷。”

“那怎么增加闰月才更合适呢？”

“就像吃饭一样，饿了才吃，而不是规定某个时间一定要多吃一顿饭。换句话说，就是增加到它需要的那一年、那一月。”

“这是什么意思？”

“就像它，”爸爸指了指两辆小车上的弹簧，“弹簧被拉得越长，把两辆小车拉在一起的力就越大，所以弹簧不会无限制地变长。同样，阳历不会无限制地超越阴历，当二者之差达到一个阳历月时，人们才把它们重新拉到一起。”

“可是，古代中国并没有阳历呀！”哥哥说。

“你提醒得对，但是他们有节气，确切地说是中气。人少了中气不能活，农历也少不了中气。”爸爸说。

“啊，中气？”哥哥瞪大了眼睛。

“对，想起上午在竹林里提到的中气了吧。”爸爸肯定地说。

“嗯，看来我以前轻视它们了，以为它们只是一些符号。”哥哥说，“那么，12 个中气到底有什么用处？”

“你看，12 个中气把一年分成 12 份，每一份约等于一个阳历月。当阳历超过阴历达到一个月左右，也就是两个中气之间的长度时，就增加一个闰月，让阴历重新跟上阳历。”

“可是，人们怎么知道什么时候阳历刚好超过阴历一个月呢？”哥哥问。

爸爸从地上拿起几块积木：“你们还记得吗，我们讲过，蓝色积木是阳历月，也就是两个中气之间的距离，而黄色积木是阴历月。我们可以给每个阴历月分配一个中气，也就是给每一个黄色积木分配一块蓝色积木。绝大部分蓝色积木都会对应一块黄色积木，例如1号黄色积木对应1号蓝色积木，2号黄色积木对应2号蓝色积木，以此类推。”

哥哥和妹妹点点头，听爸爸继续讲。

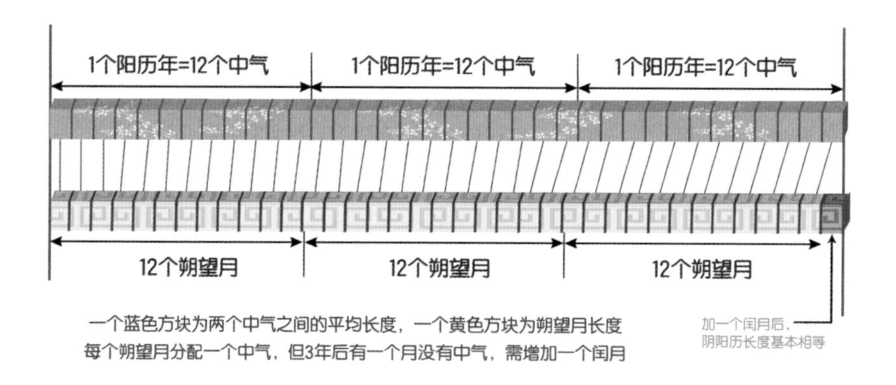

一个蓝色方块为两个中气之间的平均长度，一个黄色方块为朔望月长度
每个朔望月分配一个中气，但3年后有一个月没有中气，需增加一个闰月

“现在，把蓝色和黄色积木排成两排，由于黄色积木短一点儿，

两排积木的差距越来越大，过了不到 3 年，就会有一块蓝色积木没法对应到一块黄色积木了。那么这时，我们就给它增加一块黄色积木，也就是增加一个闰月，”爸爸说着，加上一块黄色的积木，“看，黄色积木的总长度就又和蓝色积木的总长度相当了。”

“哇，原来中气的妙用在这里！”

“对，古老的中气其实就是阳历的一部分，但是它还会在阴历中发挥关键作用，决定是否增加闰月。”爸爸说。

“我们能找一个有闰月的年份试试看吗？”哥哥跃跃欲试地想求证一下。

“好啊，我们看 2017 年吧。”爸爸在手机里找出一个日历，翻到了正月，“你看，正月这个月分配了一个中气雨水，在正月二十二。”

哥哥凑过来看着日历。爸爸继续翻到下个月，说：“二月分配了另一个中气春分，在二月二十三，这没问题。不过，中气的日期比上个月推迟了一天。”

“会继续推迟吗？”

爸爸又翻到下个月，说：“三月分配到了谷雨，在三月二十四，这也没问题。不过，比上个月又推迟了一天。四月分配到了小满，在四月二十六，推迟了两天。五月分配到了夏至，在五月二十七，又推迟了一天。”

“如果一直推迟下去呢？”

“到了六月，它分配到了一个中气大暑，不过是在六月最后一天，也就是二十九。这样的话，下个月可能就没法分配到中气了。”

“这是为什么呢？”

“因为下一个农历月最多只有 30 天，而夏天两个中气的间隔超过了 31 天，所以下个月一定不会有中气了。”

爸爸继续翻到下一个农历月，果然，上面写着“闰六月”。

“那下个中气跑到哪一天了？”哥哥问。

爸爸继续翻：“下一个中气是处暑，跑到七月初二了。在大暑和处暑之间的这一个农历月就没有中气，所以设置为闰月。”

“没想到设置闰月的规则并没有那么难。”哥哥说。

哥哥和妹妹打量着脚边的积木，重新摆了起来。

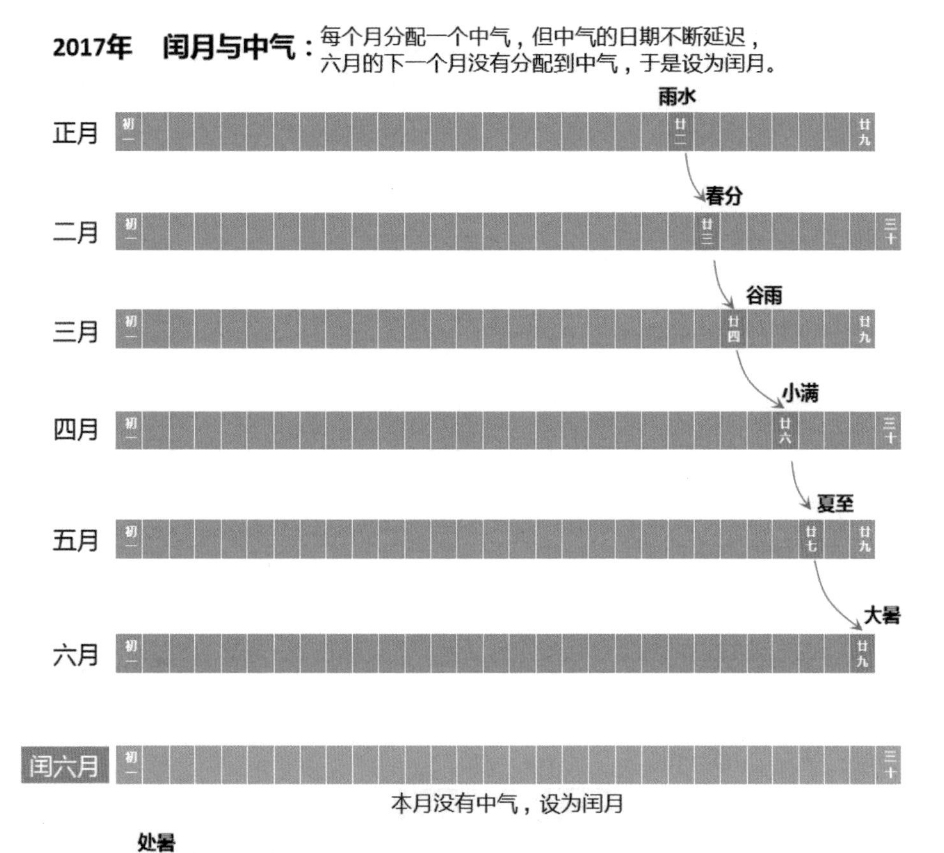

2017年 闰月与中气：每个月分配一个中气，但中气的日期不断延迟，六月的下一个月没有分配到中气，于是设为闰月。
雨水
正月
初一
廿二
廿九
春分
二月
初一
廿三
三十
谷雨
三月
初一
廿四
廿九
小满
四月
初一
廿六
三十
夏至
五月
初一
廿七
廿九
大暑
六月
初一
廿九
闰六月
初一
三十
本月没有中气，设为闰月
处暑
七月
初一
初二
廿九

农历里闰月设置方法的来历

公元前 104 年，在司马迁、公孙卿等官员的建议下，汉武帝采用了邓平、落下闳提出的《太初历》。这一年的十一月初一，天干地支刚好是甲子日，而夜半子时刚好是冬至时刻。《太初历》一举奠定了此后两千多年中国的历法的基础。例如，之前的秦朝以十月为岁首，新历法改变了这个规定，把岁首改为正月，现行农历新年的日期正是沿用了这个历法的规定。

此外，现行农历里设置闰月的方法也来自这部《太初历》。在汉朝以前，历法普遍采用“年尾置闰”的方法。而《太初历》改以无中气的月份为闰月，使闰月可以随时插入到一年中任意一个月之前，以便让月份紧随季节的变化。这种新的设置闰月的方法叫“无中置闰”。

“无中置闰”的基本原理

用中气将一年的阳历分成 12 段，作为年轮上的刻度，每段大致等于一个月的长度。两个中气之间的平均间隔是 30.44 天，一个阴历朔望月包含 29.53 天，二者大致相等，所以给每个朔望月分配一个中气。但经过 30 多个月后，二者的差值累积达到或超过一个月，某个朔望月就没有中气可分配了，或者说这个月不包含任何中气了，于是补充一个月，让阴历重新跟上阳历的变化。这个没有中气的月份就叫“闰月”，故名“无中置闰”。

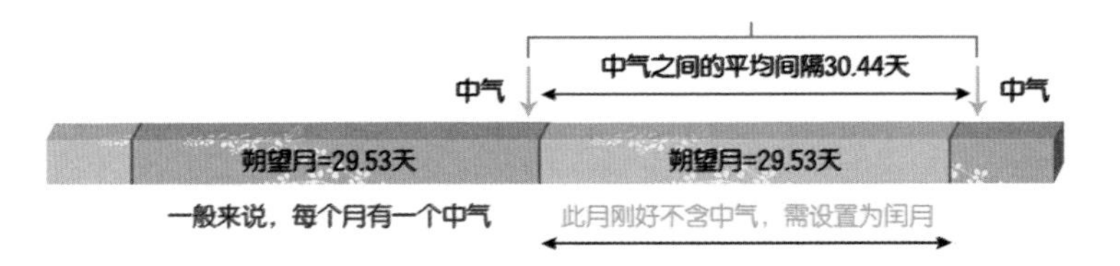

在现行农历中，夏天出现闰月的概率最大。从公元1810年到2409年，闰月出现在夏天（农历四、五、六月）的次数最多，达到109次，而出现在冬天（农历十、十一、十二月）的次数最少，只有9次。这是由于地球公转轨道是椭圆形的，夏季时两个中气的间隔更长，更容易包含一个不含任何中气的月份。

帐篷里的影子游戏：星座与节气

晚饭后，天色已黑，爸爸点亮露营灯吊在帐篷中央，大家围坐在露营灯下。

“妈妈，你们小时候停电时会做什么呢？”妹妹问。

“我们会点上蜡烛，在烛光下玩影子的游戏。”妈妈说。

妹妹把手凑到露营灯前，做了一个手势，帐篷内壁上出现了一条小鱼。

爸爸做了一条大鱼的影子，要吃小鱼。妹妹绕着露营灯跑到另一侧，她的影子也跟着跑了过去。妈妈用手捏出了一只螃蟹。哥哥比画了一只蝎子，他的影子和螃蟹的大钳子打了起来。

玩了一会儿，爸爸停下来。他找了一张纸板，用大头针戳了一些洞，然后把纸板盖在手电筒上。他让妈妈把露营灯关掉，帐篷里剩下手电筒透过纸板小洞发出的光。爸爸把这些光点投射在帐篷内壁上。

“猜猜看，这像什么动物？”爸爸问大家。

“像一头超级大猪！”妹妹说。

“为什么像超级大猪呢？”爸爸问。

“因为它和你一样，有个圆圆的大肚子。”妹妹把爸爸的肚子拍得砰砰作响。

妈妈和哥哥笑得前仰后合。爸爸用力收起肚子一本正经地说：“其实我年轻时非常苗条，还是一名运动健将呢！”

爸爸继续问妈妈和哥哥：“你们觉得像什么？”

妈妈说：“像一只绵羊。”

哥哥说：“像一头狮子，因为我喜欢狮子王。”

“爸爸，现在可以公布结果了吧，到底像什么？”妹妹迫不及待地问。

“其实，都像。”爸爸说。

“为什么呢？”妹妹问。

“因为这些发光的亮点就像天上的星星，比如各种动物，地上的人们根据星星之间的相对位置，把它们想象成不同的样子。”爸爸说。

“哦，我想起来了，”哥哥突然说，“北斗七星，我们中国人认为像勺子，而欧洲人认为像大熊的尾巴。”

“对，那些星座的样子，本来就在我们每个人的心里。你可以把它们想象成任何东西，只要它们之间的相对位置关系保持不变，就像这样。”爸爸说着，旋转手中的手电筒，帐篷

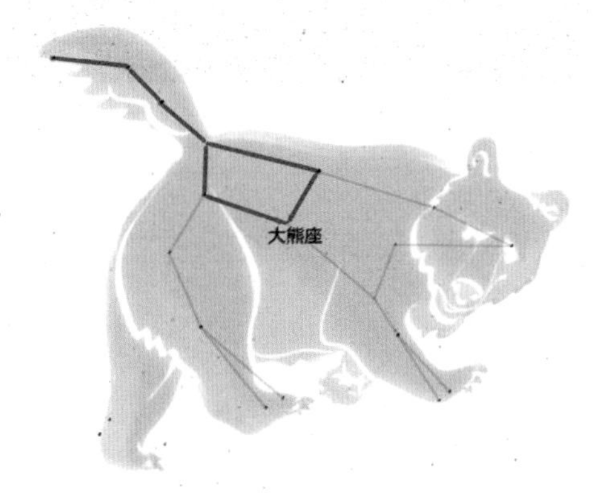

▲天上的北斗七星在人们心目中的不同形象：勺子或者大熊的尾巴

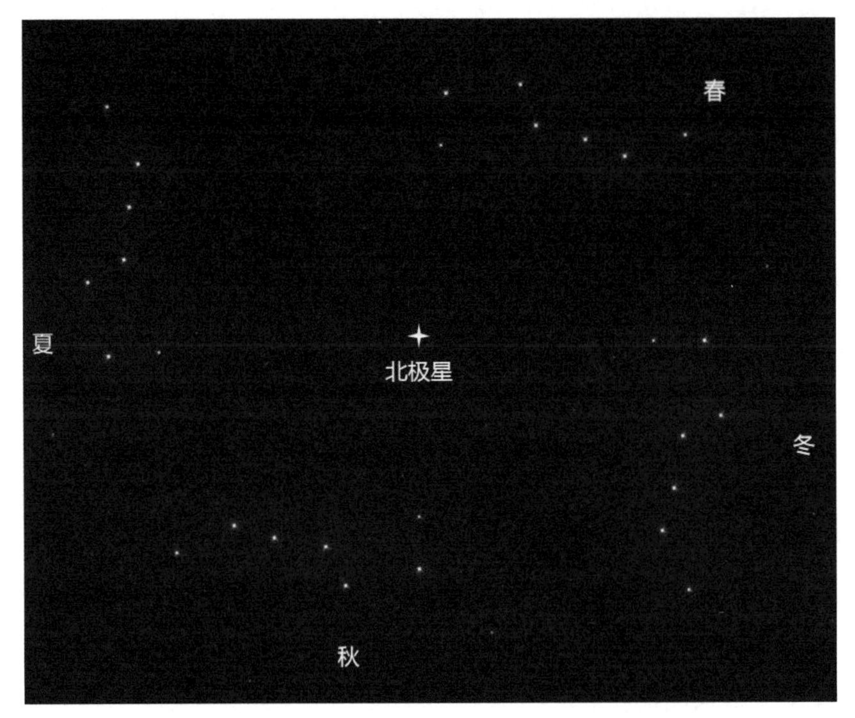

▲北斗星的勺柄指示的方位不同，揭示了不同的季节

上的亮点也随之转动。

“这些不变的形状就组成夜空的背景。”爸爸继续说，“虽然在我们看来，星星每时每刻都在移动，不同季节里它们在天空中出现的时刻也不同，但移动的只是这个背景而已，背景上星星的相对位置并没有改变。每一个这样的组合，就是一个星座。”

“天上一共有多少星座？”妹妹问。

“总共有 88 个。其中的 12 个你们一定熟悉，就是十二星座。这可不只是和你们的生日有关哦，它们的作用远不止这些。”爸爸说。

“快讲讲看！”妹妹叫道。

“我会讲给你们听的，不过你们要帮我个忙。”爸爸说着，打开露营灯，照亮了帐篷。

“需要我们做什么？”哥哥说。

“你们用剪刀剪出一个圆形的纸板，大小和手电筒的头一样，再在上面画一只绵羊——不需要画得很像，只要能大致看懂就可以了。然后，在纸板上按白羊座星星大致位置扎一些小孔。”爸爸说。

妹妹和哥哥很快做好了。

“哥哥，你把这个白羊座投影到帐篷的侧壁上。”爸爸说。

哥哥把纸板贴到手电筒上，帐篷内壁出现了一些亮点。

“妹妹，你带了贴纸吗？”

“当然带了。”妹妹得意地说着，从她的背包里翻出一大沓贴纸。

“我记得上次没有给你买这么多贴纸呀！”妈妈惊讶地说。

“是我的好朋友欣欣送给我的。”妹妹说。

“欣欣真是个好孩子。”妈妈赞叹道。

“作为交换，我把滑板车送给了她。”

妈妈“哦”了一声。

爸爸对妹妹说：“你在每个光点出现的位置贴上一个小星星贴纸。”

妹妹贴好白羊座后，爸爸让他们又做了一个天秤座纸板。这一次，他让哥哥把它投影到和白羊座正对面的帐篷侧壁上。

接下来，妹妹和哥哥做了巨蟹座和摩羯座，两个星座面对面，与刚才的两个星座互相垂直，把帐篷四等分。之后，他们又在这四个星座之间均匀地插入了剩下的 8 个星座。这样，帐篷内壁刚好均匀排列了 12 个星座。

“总算完成了。”妹妹的手臂都有点酸了，“接下来呢？”

“看到露营灯了吗？假设它就是太阳。”爸爸说着，把它的亮度调低一些。然后他猫着腰，一边绕着中间的露营灯转圈，一边说：“我们站在不同的位置看太阳，就会发现太阳背后的星座不一样。比如我站在白羊座这里，看到太阳后面的背景星座是天秤座。”

▲在白羊座附近看到太阳的背景星座是天秤座

哥哥和妹妹也站过来，确认了一下。

爸爸转过了 1/4 圈，说：“当我绕到巨蟹座时，太阳的背景星座变成了摩羯座。”

“接着，当我转到天秤座位置时，看到太阳的背景星座变成了白羊座。这说明了什么？”

哥哥注意到爸爸绕着太阳转了半圈，于是说：“时间刚好过了半年。”

“对，很好。”爸爸赞许地说，“根据太阳的背景星座的样子，我们就可以确定不同的季节。比如，看到白羊星座就意味着春天，而看到天秤座就意味着秋天。”

“那巨蟹座就意味着夏天了。”妈妈说。

“妈妈，巨蟹座是从几号开始的？”妹妹问。

“6 月 22 日！”妈妈不假思索地答道。

“咦，这一天不是夏至吗？”哥哥突然有了一个发现。

“哦，是啊，我以前怎么没有发觉呢！”妈妈也很惊奇。

“那冬至 12 月 22 日也应该对应一个星座吧？”哥哥说。

“对，它是摩羯座的开始。”妈妈说。

妈妈和哥哥仔细回忆了一下，白羊座的开始对应着春分，而天秤座的开始对应着秋分。

“每个星座的开始，都对应着一个节气。”妈妈说。

“是的，”爸爸补充道，“十二星座把一年分成 12 份，就像二十四节气把一年分成 24 份一样。”

“这么说，只要抬头看天，观察太阳在哪个星座的背景上，就知道现在的节气或者月份了？”哥哥问。

爸爸点点头。

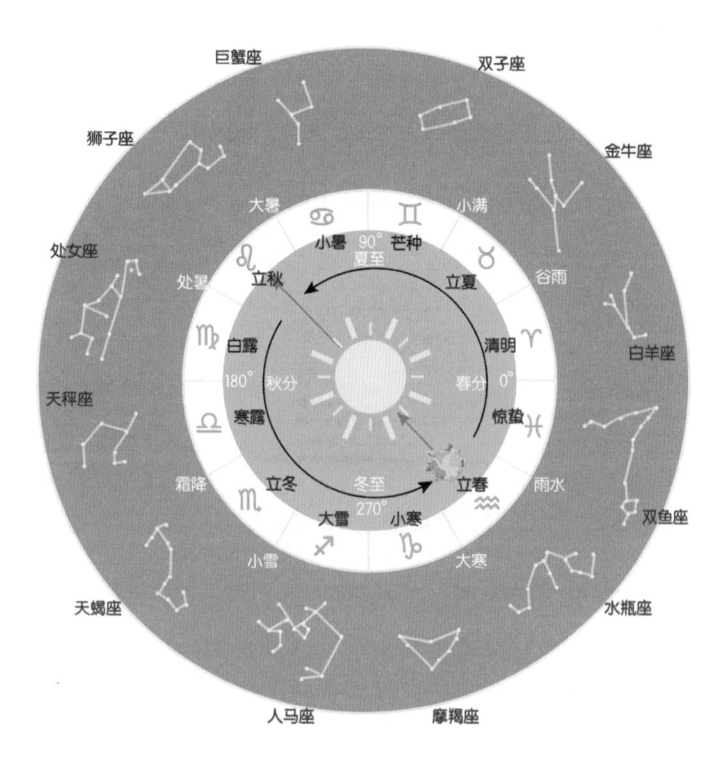

▲从地球看去，太阳位于不同的恒星（星座）背景上，对应着不同的节气

妈妈看着帐篷中央的露营灯，想到了一个问题：“不过这个方法好像不太可行，”妈妈提高了声音，“抬头看太阳的时候，是看不到星星的呀！”

“哦，是啊，”哥哥也发现了这个问题，“这方法好像不行啊，爸爸。”

哥哥走到帐篷中央，把露营灯调到最亮，刺眼的光芒让他看不清后面的星座。

哥哥和妈妈交换了一下眼神，确认没有搞错。他们望着爸爸，看他怎么解释。

爸爸拿起一张纸板走过去，遮住了露营灯：“这样就可以看清背景的星座了。”

“这是作弊！”哥哥大声说。

“我没说不可以作弊啊，”爸爸说，“而且古人就是这么做的。”

“但是，哪有人有这么长的手臂，能把纸板伸到太阳旁边，把它遮住呀？”

“可是如果这张纸板是一座山呢？或者地平线？”爸爸说。

“哦，你是说太阳落山的时候吗？”

“正是。太阳落山后，光线变暗，在西边天空附近可以隐约看到一些比较亮的恒星。借助它们，我们就能知道太阳所在的恒星背景了。”

“原来如此。”

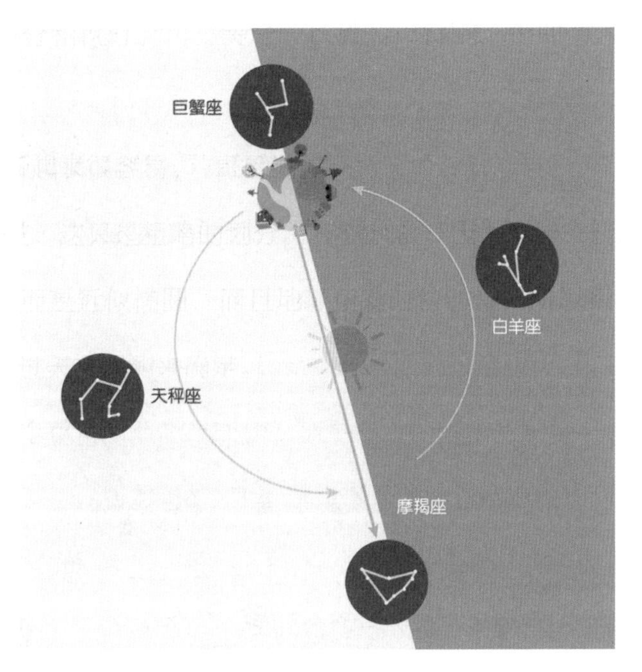

▲黎明或黄昏时，可以隐约观察到太阳附近的星座，从而确定太阳在黄道中的位置

“另外，太阳初升的时候也可以呀。”爸爸说，“还记得今天早上，我们看到太阳和天狼星同时升起吗？用这种方法也可以知道太阳位于哪个背景星座。”

“可是这种方法好像也有问题，”哥哥说，“如果天边有朝霞就不行了。”

“你说得对。不过人们又想到了一个办法，这次可不是作弊。”

“什么好办法？”

“请你转过身，背对着露营灯。”爸爸对哥哥说。哥哥照做了。

“现在，太阳刚好在你的背后，也就是说现在刚好在半夜，是吗？”爸爸问。

“是的。”哥哥想了想回答。

“虽然你看不到太阳所在的星座，但如果你还记得每个星座的位置，你就可以用现在看到的星座来猜一下。”爸爸说。

“怎么猜呢？”哥哥问。

“你看到的是哪个星座？”爸爸问。

“巨蟹座。”哥哥抬头，刚好瞅到妹妹站在巨蟹座前，朝他做了一个鬼脸。

“在半夜，太阳刚好绕到我们的正后方，所以它就在和巨蟹座相对的那个星座，是吗？”

“哦，是的。”哥哥说。

“你记得是哪个星座对着巨蟹座吗？”爸爸问。

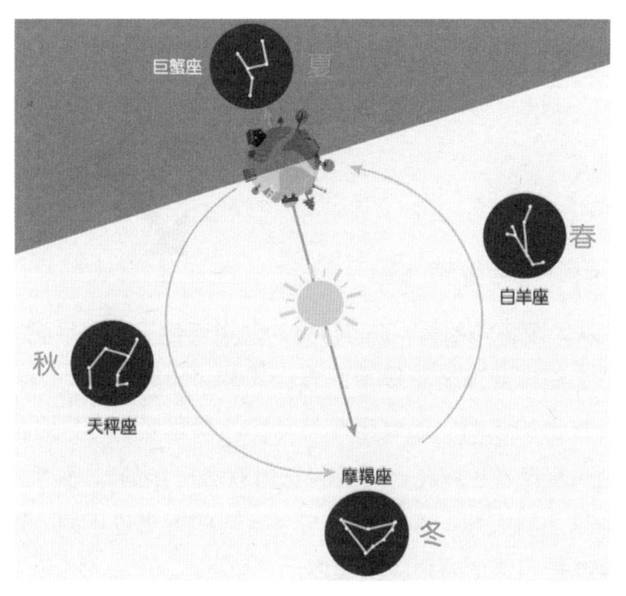

▲半夜时看到头顶的巨蟹座，可以猜测正对着的太阳在摩羯座附近

“摩羯座。”哥哥想到了刚才和妹妹贴贴纸时的情景，摩羯对巨蟹。

“所以……”爸爸还没说完，哥哥就抢着说道：“啊，我明白了，所以太阳在摩羯座！”

“完全正确。”

“古人真聪明，什么都难不倒他们。”哥哥说。

黄道带与旋转飞船

从太阳系外部看，所有行星的轨道都位于同一平面上，整个太阳系就像游乐场里的旋转飞船，太阳在中心，行星是旋臂上的飞船。如果坐在转动的飞船里看中心，它的背景则一直在发生变化。飞船转一周对应一年的时间。同理，从地球上看太阳，在不同季节，太阳的背景也不同，这个背景就是由恒星所构成的星座。

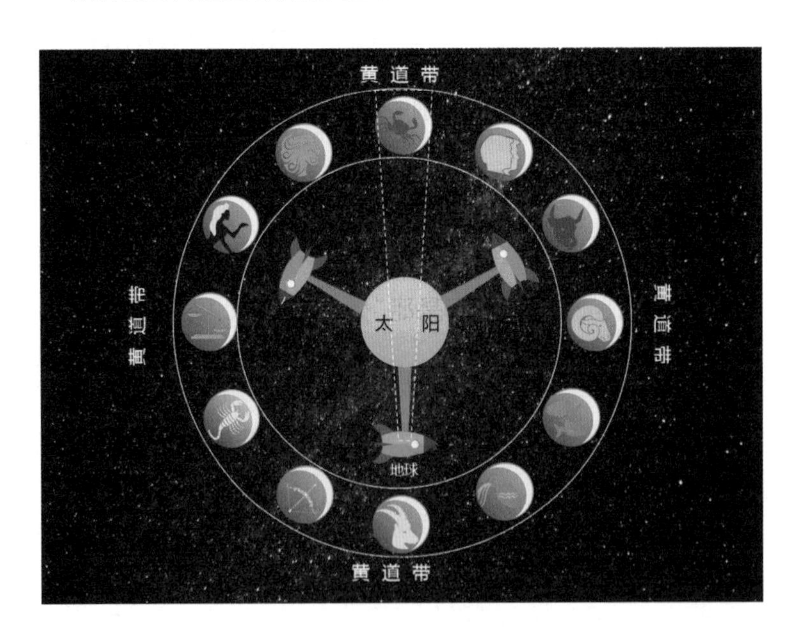

太阳的恒星背景集中在一条狭长的环形带上，叫“黄道带”。把黄道带大致分为 12 段，每段设置一个星座，就构成了十二星座。这样，我们便可以根据太阳的背景星座确定季节和月份了。一年当中的不同季节里，太阳在十二星宫中穿行，追逐着这些发光的星星，地上的游牧狩猎民族则随着季节追逐迁徙的驯鹿或野牛。

星座与太阳的位置

两千多年前，古希腊人根据太阳所处的不同星座背景确定了十二星宫，以春分作为起点，定为白羊宫，每 30° 设置一个星宫，一年共计 12 个星宫。但两千多年来，由于地球自转轴的缓慢摆动，现在从地球上看到太阳在春分日所处的位置比两千多年前移动了 30 多度，跑到了双鱼座。但在星象上，人们仍习惯把春分日太阳所在的位置称为“白羊宫”。

参商不相见：二十八星宿

哥哥和妹妹在帐篷里转着圈走动，打量着侧壁上的每个星座，并且找到对面相应的星座。

妈妈看着他们俩，突然想到了什么，说："可是，古代中国并没有十二星座啊！"

"哦，是啊！"哥哥也一下子意识到了这个问题，"那样就没法确定太阳在星座中的位置，也没法用这种方法来确定季节了。"

大家都沉默了。过了一会儿，哥哥说："不过那时有二十八星宿吧！"

妈妈好奇地看着哥哥。

哥哥耸耸肩，说：“我猜的。《西游记》里，唐僧师徒被黄眉大王用金钵困住，孙悟空跑到天上请二十八星宿来帮忙。”

“猜得没错。”爸爸说。

“二十八星宿在哪里？”妹妹问。

“离十二星座不远，”爸爸说，“而且也是环形。它们是古代中国人、印度人、巴比伦人等的星空背景。古代中国人把一周天的二十八星宿按照东南西北分成四份，也就是东方苍龙、南方朱雀、

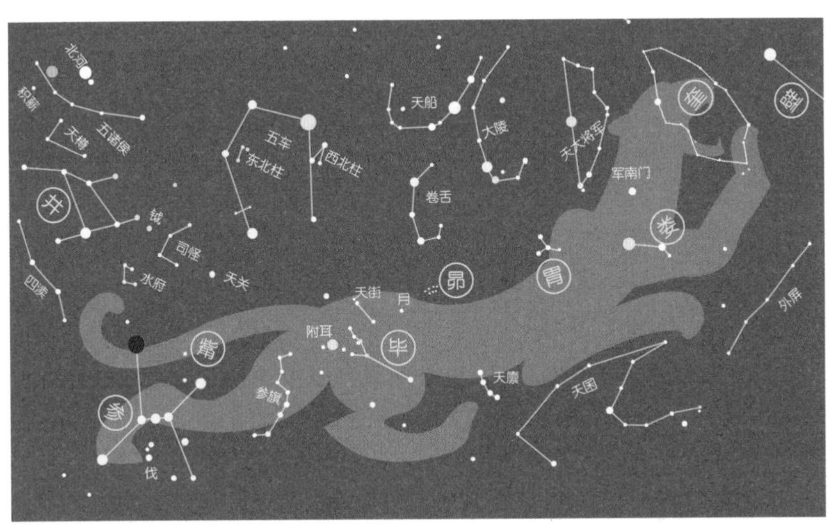

▲二十八星宿里的西方白虎七宿：左下方是参宿的三颗亮星，即猎户座腰带，红色星是参宿四，即猎户座 α 星

西方白虎、北方玄武，每个方位对应七个星宿。中间是北斗七星。”

“我想起来了，”哥哥突然说，“《西游记》里还有一个化身黄袍怪的奎木狼，就是二十八星宿之一。他和孙悟空大战五六十回合不分胜负。”

“是吗？你的记性不错呢。”妈妈说，“我都不记得《西游记》里的妖怪了，不过倒是想起一首杜甫的诗：‘人生不相见，动如参与商。今夕复何夕，共此灯烛光。’这里的‘参’和‘商’也是二十八星宿吗？”

“提起二十八星宿，大家都有挺多话说嘛！”爸爸也有些兴奋了，“参是二十八星宿之一，而商属于心宿。”

“这两个星宿和‘人生不相见’有什么关系呢？”哥哥问。

“商所在的心宿位于二十八星宿的东方苍龙，而参宿位于西方白虎，它们在天空中遥遥相对。”爸爸说，“如果以十二星座作为参照，参宿位于猎户座，靠近双子座，而心宿靠近天蝎座。你们去帐篷侧壁上找找，看看这两个星座在哪里。”爸爸说。

妹妹找到了双子座，哥哥找到了天蝎座，恰好在帐篷两头。

“非常好！”爸爸坐在了哥哥的位置，让妈妈坐到妹妹的位置。

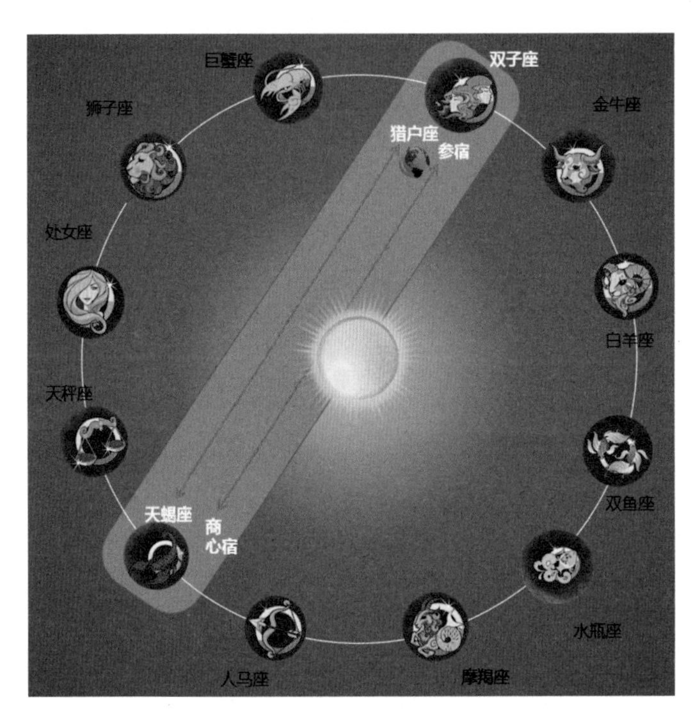

▲中国人认为参对商，而西方人认为猎户对天蝎

“现在，请你们站到帐篷正中间。”爸爸说，“你们缓缓地转动身子，看看能不能同时看到我和妈妈。”

哥哥和妹妹面对妈妈时，把背影留给了爸爸。

“我和妈妈一个在中午，一个在半夜。”爸爸说。

妹妹和哥哥缓缓侧过一些身子，用左边的余光看着爸爸时，勉强可以用右边的余光看到妈妈。

“这时，我和妈妈一个在黄昏，一个在黎明。”爸爸说。

当他们的目光离开妈妈后，才看清楚爸爸。

“我明白了，果然是‘人生不相见，动如参与商’。”哥哥说。

妈妈念出了这首诗的最后两句：“明日隔山岳，世事两茫茫。”

“这首诗是写给谁的？”哥哥问。

“是杜甫写给一位久别不见的隐士老友的。人生的境遇飘忽不定，小聚一别之后，不知何时才能再次相逢。”妈妈说。

“杜甫怎么知道这些呢，难道他也学过天文？”

“其实早在春秋时期，就有了关于参和商的故事。”妈妈说，“比如在《左传》里，高辛氏有两个儿子，大的叫阏伯，小的叫实沈，两兄弟互不相容，经常相互争斗，大动干戈。父亲很头疼，把老大迁到了商丘，主管辰星，商地的人因此也称辰星为‘商星’，把老二迁到了大夏，主管参星。所以民间才有了‘参商不相见’的说法。”*

---

* 关于参和商的记载，《左传·昭公元年》：“昔高辛氏有二子，伯曰阏伯，季曰实沈，居于旷林，不相能也。日寻干戈，以相征讨。后帝不臧，迁阏伯于商丘，主辰。商人是因，故辰为商星。迁实沈于大夏，主参。”

“妈妈，我觉得这个故事跟我和堂弟的故事有点像。”哥哥说，“平时我和他没机会见面，好不容易有机会在一起了，却又经常为一点儿小事相互争吵、抢东西。可是一旦分开没多久，我们又特别想念对方。”

“嗯，其实不只你和堂弟，世界上有许多不得已的分离。”妈妈说。

“比如呢？”

“在公元前 500 年左右，古希腊雅典人中曾流传一个故事，”妈妈说，“说猎人俄里翁夸下海口说自己是最伟大的猎人，能杀掉天下所有的飞禽走兽。女神狄安娜听说后很担心，于是派一只蝎子杀死了俄里翁。之后，众神之王宙斯觉得很可惜，把猎人和蝎子都升上天，变成了今天我们所说的猎户座和天蝎座。这两个星座，一个从地平线上升起时另一个刚好落下，仇人就永远不会相见了。”

“还有这么巧的事！简直是古希腊版的‘参商不相见’。”哥哥惊讶地感叹道。

“是啊，世界就是这样充满巧合。”妈妈说。

“哦，是吗，还有这么巧的事？”爸爸说，“让我想一想，猎户座离二十八星宿的参宿不远，而天蝎座在心宿也就是商星附近，这两个星座的位置也刚好和参商的一样。”

“这就更加稀奇了，不但故事类似，星座也对应。”哥哥说。

“我也没想到还有这么有趣的对应。”妈妈说。

“对，应该没弄错，”爸爸肯定地说，“猎户座里最亮的 α 星就是参宿四，而猎户腰带上连成一串的三颗闪亮的星就是参宿一、参宿二和参宿三。”

“为什么这个星宿叫参宿呢？”妹妹问。

“我记得‘参’在中文里通‘三’吧？”妈妈猜道。

“对，正因为猎户腰带上的这三颗星，所以才叫参宿。它们在夜空中非常显眼。”

“我们今晚能看到猎户座吗？”妹妹好奇地问。

爸爸摇了摇头：“很可惜，看不到，只有冬天才能看到。你们还记得吗，猎户座里的参宿位

▲猎户右肩上的红色亮星就是猎户座最亮的 α 星，即参宿四。猎户腰带上的三颗亮星连成一串，是中国的参宿

于双子座附近。你们重新找一找双子座。”

哥哥和妹妹在帐篷里找到了双子座。

“它是巨蟹座前面的那个星座。”妹妹说。

“这就对了，”爸爸说，“巨蟹座对应夏天。当太阳位于巨蟹座和双子座附近时，这两个星座在傍晚都会跟随太阳一起落山，消失在地平线以下。”

“真可惜。为什么这些星座会消失在地平线以下呢？”妹妹问。

“我想想，”爸爸说，“假设我们坐在一枚巨大的旋转陀螺上，这枚陀螺有点倾斜，同时还绕着一个灯泡公转……”爸爸的解释刚开了个头，就被妹妹打断了。

“这太难想象了。”妹妹说。

“那好吧，我再看看有什么办法……”爸爸低头想了想，正好看到地上的篮球。他捡起篮球，水平拿好，让露营灯的光刚好垂直照射在篮球中间线上。“如果地球的自转轴不是倾斜的，而是垂直朝向天顶，那么太阳就始终垂直照射在赤道上。”爸爸说。

妹妹点了点头。

接着，爸爸拿起篮球绕帐篷中心的露营灯走了一圈，让光线始

▲地球倾斜绕太阳公转造成季节的变化与太阳和恒星高度角的变化
［资料来源于 https://commons.wikimedia.org/wiki/File:North_season.jpg］

终直射篮球的中线。停下来后，爸爸说："你们看，在我走过的圆上，无论在这个位置还是那个位置，照射到篮球上的光没有任何区别。所以，我们每天正午看到的太阳高度也固定不变，也就不会有四季的变化。"

"那星星呢？"哥哥问。

"星星，其实就是距离更远的太阳。"爸爸继续说道，"如果地球自转没有倾斜角，那么从地球上看到的星星高度也不会随着季节改变，地平线以下的星星永远看不到，其他的星星则一直能看到，并不会随着季节变化而消失。"

哥哥和妹妹一起点了点头。

“可地球实际上是倾斜着旋转的。”哥哥说。

“你说得没错。”爸爸把篮球倾斜，让露营灯的光线直射到篮球的下半部，“这就是南半球的夏天，北半球的冬天。”爸爸走到帐篷另一头，光线开始转而直射篮球的上部，“从地球上看，太阳的高度在一年之中变高又变低。”

“那么，星星也一样？”哥哥问。

“对。我们把星星看作遥远的太阳，它们的高度角也随季节变化而变化。在有些季节，它们会降得很低，甚至降到地平线以下，完全看不到了。”爸爸说。

“那什么时候我们才能看到猎户座呢？”妹妹问。

“要等到 11 月以后，猎户座大约在晚上 9 点出现在地平线上。而到了冬至后，猎户座逐渐升到天顶，尤其是猎户腰带上那三颗连成一串的亮星，在寒冷冬夜里的天空中非常显眼，你们一眼就能认出来。”

“可是那还要等很久呀！”妹妹有点失望地说，“然后呢？”

“之后，猎户座会在天空中逐渐落下并消失在人们的视线之外，此时春天尚未到来，人们渴望着新的一年的春天。”

哥哥和妹妹低头想了想，似乎听懂了。

“哦，我想起了一个词，”妈妈插话说道，“英文里有个词 desideration，说的应该就是这种跟星星有关的渴望。”

“渴望？它跟星星还有关系？”哥哥好奇地问。

“这个词是 de-sideration。后面的 sidera 是指星座，前面的 de 意思是去掉、消失，连起来就是星座的消失。”

“后面这个 sideration 看起来挺眼熟的，好像在哪里见过。”哥哥边说边努力回忆。

“如果把前缀 de 换成 con，就是 consideration。”妈妈说。

“难怪，我学过 consider 这个词，不过这个词的意思是‘考虑’，难道和星座也有关系吗？”哥哥问。

“前缀 con 意思是‘放在一起’。把所有的星星放在一起，寻找它们之间的关联，就是‘通盘考虑’的意思。”妈妈说。

“噢，原来是这个意思。”哥哥说，“那星座的消失和渴望有什么关系呢？”

“刚才爸爸说，猎户座在最寒冷的时节会逐渐升上天顶，之后逐渐落下，消失在人们的视线之外，这预示着春天的临近。当人们凝视着落下的猎户座，期盼尚未到来的春天，这不就是渴望吗？”妈妈说。

“那人们渴望什么呢？”妹妹问。

“渴望着春雨、嫩芽、幼崽和新生，以及所有新季节能够给人们带来的东西。在古人看来，星星让时光轮回，主宰着繁殖、生长、收获和庆祝的季节。比如，猎户腰带上的三颗星非常明亮，民间有‘三星正南，就要过年’的说法。”妈妈说。

“没想到天空中的星星还有这么神奇的用处！”妹妹感叹道。

“这都是因为时间。”爸爸说。

“因为时间？为什么？”哥哥惊奇地问。

“还记得吗，我们以前说过，因为这些星光花费了很长时间才到达我们的视野，还有无数的星光还未到达，所以我们的夜空没有被所有星星同时照亮。”爸爸说。

“哦，想起来了，我们以前说过。”哥哥说。

“不过，这对地球的文明来说是一件幸事。”爸爸说。

“为什么呢？”哥哥问。

“幸好我们的天空没有被同时照亮，这些天空中的光点才有可能组成美丽的动物和人物。它们在天空中奔跑运动，规则的亮点和形状为我们指示方向，定时显现的身影则让我们能分辨季节的变化。”爸爸说。

“可是，现在人类已经有了卫星导航，有了精密的时钟，天上的星座还有存在的意义吗？”哥哥问。

爸爸没有说话，他走出帐篷，哥哥跟在后面，他们绕着帐篷散步。

“虽然星星遥远，但直接观望星空，我们得以回归自然，与我们的祖先精神相通。”爸爸抬头望着星空说。

“要是有一天，我们再也看不到星空了呢？”

“那就像帐篷的拉链卡住了。当我们在外面转了一圈回来时，却发现再也进不去了，被关在曾经滋养我们的文化之外了。”爸爸重新钻进帐篷，哥哥也钻了进去。

…………

夜已经很深了，巨大的银河横亘在他们小小的帐篷顶上。露营灯熄了，刚才在这几颗大脑里迸发的火花也暂时熄灭了，只有群星的微光还在闪烁。

二十八星宿

黄道带组成了一条环形的星空，太阳和各行星运行其中。月亮运行的轨道即白道，与黄道很接近，只相差很小的角度。将黄道带和白道带附近的天域划分成 28 段，每段对应一个星宿，即是二十八星宿。因为月亮的运行周期大约为 28 天（恒星月 27.3 天），所以月亮大致每天行经二十八星宿中的一个。

古代中国将二十八星宿按照东南西北方位分为四组，分别是东方苍龙、南方朱雀、西方白虎和北方玄武，对应春、夏、秋、冬四季。每组七个星宿。

东方苍龙七宿：角、亢、氐(dī)、房、心、尾、箕(jī)。

南方朱雀七宿：井、鬼、柳、星、张、翼、轸(zhěn)。

西方白虎七宿：奎、娄、胃、昴、毕、觜(zī)、参(shēn)。

北方玄武七宿：斗(dǒu)、牛、女、虚、危、室、壁。

《国风 · 豳(bīn)风 · 七月》记载“七月流火”，这里“七月”是夏历，对应公历 9 月。夏季结束时，心宿二的大火星在天空中的高度逐渐下降，称作“流”，这意味着天气将逐渐转凉。

▲湖北随州出土的战国早期曾侯乙墓中，一件漆箱盖上印有二十八星宿的名字，中间是一个大大的“斗”字，代表北斗七星。这是目前发现的最早的记载有中国二十八星宿全部名称的器

古代中国、印度、埃及、巴比伦等都有各自的二十八星宿，而且其中一些名字相似，所以可能它们拥有同一个起源。中国古代的二十八星宿与印度的不同之处在于，中国的二十八星宿从“角”宿开始，而印度的星宿从“昴”宿开始。

环形巨石阵：标记夏至与冬至

周日清晨，妈妈还在睡梦中，觉得有人轻轻地摇晃她的胳膊，然后附在她的耳边悄悄说话：“妈妈，还有没有小巨蛋面包？”

妈妈一睁眼，原来是妹妹。

“应该还有吧。”妈妈说，“你饿了？”

妹妹点点头，把食指放在嘴边，示意妈妈小点声，不要吵醒哥哥和爸爸。

妈妈轻轻地起来，和妹妹走出帐篷。她拿出一个小巨蛋面包，放在简易桌上。妹妹想让妈妈像昨天那样把面包切成一片片的。

妈妈拿起刀刚准备切，哥哥不知什么时候醒了。他从帐篷里探出头，看到小巨蛋面包，忙不迭地跑了出来，想和妹妹一起吃。

“别着急，每个人都有份。不过切面包之前，我先考考你们。”妈妈说，“你们还记得爸爸昨天是怎么切面包的吗？”

“斜着切的。”妹妹立刻接过话说，她用手在面包顶部比画了一下。

“回答正确。”妈妈斜着切了一刀，把切下来的那块递给妹妹。

“那剩下的这块面包代表哪个节气呢？”

“夏至。”哥哥抢着回答道。

“很好。”妈妈又切了一刀，让面包的底部呈半圆形，把切下来的那块递给哥哥。两个孩子都开心地吃了起来。接下来，妈妈又切到了秋分，把切下来的面包留给自己，最后剩下一块代表冬至，留给爸爸。

这时爸爸也从帐篷里走了出来。妹妹大声喊道：“爸爸，这个冬至留给你！”

“哦，谢谢了。”爸爸说着坐到桌边，“你们知道怎么确定冬至这一天吗？”

“昨天你不是说过吗，正午的影子最长的一天就是冬至呀。”哥哥说。

“嗯，你说得对，不过还有一种更简单的方法。”爸爸说。

“哦，是吗？”

爸爸用手指着地平线上刚刚升起的太阳说：“你们看，今天太阳从这个位置升起。因为现在已经过了夏至，白天越来越短，所以明天它会在东面更偏南一点儿的位置升起，也就是右边一点儿。以后，日出的位置会继续向右偏。直到某一天，太阳升起的位置不再继续向右偏移了，那一天就是冬至。”

“这是为什么呢？”哥哥问。

“就像这个面包。”爸爸把妈妈手里还没吃的面包片盖到自己的面包上，“现在是秋分，太阳从正东升起，当拿掉这片面包后，太阳升起的位置就向右移动了，向右移动到极限就是冬至。”爸爸说着，拿掉妈妈的那片面包。*

---

* 请参看 5.3 小节的“小巨蛋”和不同季节日出位置的图示。

“日出的位置每天都向右移动一点点吗？”妹妹问。

“对，过了夏至，太阳升起的位置在地平线上每天向右移动一点儿。到了冬至就掉头，每天向左移动一点儿。”爸爸说。

“哦，这个方法简单。可是，为了知道冬至那天太阳升起的点在地平线上哪个位置，需要在地平线上做一个标记才行啊。”哥哥问。

“这个不是问题，”爸爸说，“人们可以竖立一根杆子。对了，你们昨天不是玩了积木吗？我给你们演示一下。”

哥哥捧来一堆积木，爸爸挑了一块蓝色的竖立在桌子上表示正东，然后在它的左右各摆了几块黄色积木，使它们围成一个弧形，又拿了一块半圆形的积木，放在弧线外围当作太阳。

“如果我们站在弧形的圆心，可以看到日出时太阳在地平线上的位置。夏至时，太阳从最左边也就是东北方向的积木那里升起，而冬至时，太阳从最右边的积木那里升起。古人就是这么做的。”

“是吗，他们竖立起了木杆子做标记吗？”妈妈问。

“古代人会倾向于使用大石柱，因为木头容易腐烂。”

“哪里有古人留下的遗迹？”哥哥问。

“最著名的就是巨石阵，几十块巨型石碑矗立在一块空地上，围成一个圆圈，非常壮观。这些巨石阵里的一些石头，在一年当中的冬至或者夏至，刚好对准日落或日出的位置。”

“这些巨石年代很久了吧？”

“距今五六千年。这些巨石阵主要分布在欧洲各地，英国和爱尔兰最多。其中最著名的巨石阵位于英国的索尔兹伯里平原上，它有三圈。最外圈可能是木柱子，已经腐朽了，只留下一些填满白垩的洞，中间是由四十吨重的巨石围成的圆圈。最里圈是一个马蹄形的巨石阵，由五组牌坊组成，每一组都由两个巨石柱和一个安放在两个巨石上方的门楣构成。这些巨石是从很远的地方运来的。”

“这需要几代人才能完成吧！建造规模这么庞大的巨石阵是为了什么？”妈妈问。

“目前人们还没有完全弄清楚，可能有多种用途。有人说可以用于天文观测，还有人认为可能是家族墓地，也有人认为可能用于祭祀或者宗教仪式。但有一点是肯定的，巨石阵最内圈的马蹄形，主轴对准了东北方向，也就是夏至日出的方向。”爸爸说。

“哦，这是巧合吗？”哥哥问。

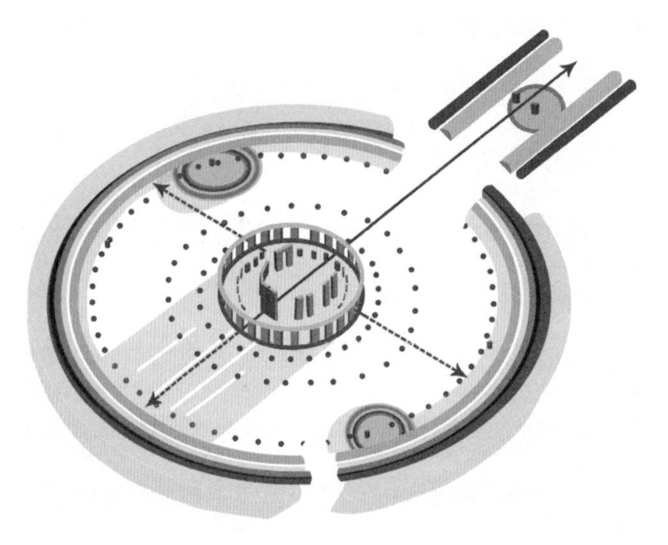

▲巨石阵中心与东北方向的踵石连线刚好对准夏至初升的太阳

“我觉得不太可能。因为在巨石阵外围的东北方向还竖立了一块大石头，叫作踵石，只要站在圆圈中心朝着这块石头观测，夏至时太阳就会刚好从那块石头背后露出来。而如果冬至那天站在踵石那儿，沿着巨石阵主轴朝西南方向观看，刚好可以观察到日落。”

“这么说，那时的人们已经对天体的周期往复运动感兴趣了。”妈妈说。

“嗯，说不定他们在思考时间是如何循环的。”爸爸接着说。

哥哥摆弄着桌上的积木，来回移动太阳的位置：“如果不是在平原，而是有山丘挡着，就没法用巨石阵来确定冬至和夏至了。”

“嗯，是的，多山的地区确实不适合建造巨石阵。但古人仍留下了类似的用来确定冬至和夏至的建筑。”爸爸说。

▲钱基洛（Chankillo）的 13 座石塔，左侧第一座塔和右侧第一座塔分别对应冬至和夏至日出的位置［资料来源于 https://commons.wikimedia.org/wiki/File:Las_trece_torres_del_observatorio_astron%C3%B3mico_de_Chanquillo.jpg］

“那他们是用什么方法来标记冬至和夏至的呢？”

“大约公元前 300 年，在南美洲的秘鲁，人们在绵延的山脊上建造了 13 座连续的石塔。这些石塔有点像长城上的烽火台，不过彼此靠得很近，从远处看就像一道锯齿状的天际线。冬至日，太阳从最左边的石塔的左侧豁口升起，之后日出的位置每天向右移动一点儿，到了夏至日，太阳就会从最右边的石塔的右边豁口升起来。”

“这样说来，有两座石塔就能标记冬至和夏至了，为什么要建造这么多座？”哥哥问。

“这 13 座塔的跨度大约有 300 米。你会发现，每经过十多天，日出的位置就会从一个豁口移动到下一个豁口，这样就能帮助人们确定大致的日期。”

吃完早餐，大家开始收拾装备，准备踏上归途。

临上车前，哥哥对爸爸说：“我想起来了，从我们家阳台看出去，夏天太阳升起的位置更靠左一些。”

“哦，是吗？”爸爸好奇地问。

“我记得，夏天的太阳会从一座铁塔的左边升起来，而到了冬天，太阳出来的位置移动到了铁塔右边。现在我终于明白为什么了。”

“嗯，不错，你观察得挺仔细的。其实，在城市里，虽然没有巨石阵，但人们照样可以用很多建筑来标记冬至和夏至。”

标记冬至日和春分、秋分日的其他方法

爱尔兰的纽格兰奇墓建于公元前 3100 年左右，像一个放大版的蒙古包。整个建筑只有一个狭小的入口，朝向东方。入口内，一条 1 米宽、25 米深的墓道通向黑暗的墓室深处。入口上方的屋顶开了一个更小的开口通向墓道。平时绝大部分时间，墓室通道都没有阳光照进来。到了冬至那一天早上 8 点 58 分，刚从地平线上升起的太阳会把一束阳光通过屋顶上方的小开口送入漆黑的墓室通道，瞬间照亮中

▲爱尔兰的纽格兰奇墓，冬至日初升的太阳的光线会刚好通过狭长的甬道，照亮墓室深处

央墓室深处。17 分钟后，日光就从墓道里消失了。如果墓室的通道方向稍微偏离一点儿角度，冬至日初升的阳光便不会照进墓室深处。

埃及的哈特谢普苏特女王神殿，大殿的中轴线刚好对着冬至日出的方向。冬至这天清晨，初升的太阳会沿着通道照亮第二殿门前的冥神像。而在中国陕西的陶寺遗址中，人们发现了一个建造于四千年前的冬至日出观象台。

在墨西哥的奇琴－伊察玛雅城邦遗址，有一座库库尔坎金字塔。春分和秋分日下午，西晒的日光斜射金字塔，塔身侧面凹凸的影子投射在金字塔的斜梯侧面，犹如蜿蜒的蛇身，并且和斜梯底部的蛇头雕像连成一体。随着日影移动，蛇身的影子也随着移动，看起来活灵活现、栩栩如生。

▲春分和秋分日下午，库库尔坎金字塔的影子在斜梯侧面呈现出一条蜿蜒的蛇的形象

本章深入阅读书单

关于祖冲之如何通过日影测量冬至时刻，请参考 [1]。

关于如何用西瓜解释冬至、夏至，请参考 [1]。

关于中国古代历法，包括二十四节气、无中置闰等，请参考 [1] [3]。

关于二十八星宿的起源、各国二十八星宿的比较，请参考 [2]。

关于英国巨石阵、秘鲁石塔和爱尔兰纽格兰奇古墓，请参考 [4] [5]。

[1]《时间之问》，汪波，清华大学出版社，2019

[2]《看风云舒卷》，竺可桢，百花文艺出版社，2009

[3]《古代天文历法讲座》，张闻玉，广西师范大学出版社，2008

[4]《时间是什么》，［英］亚当·哈特－戴维斯 / 王文浩 译，湖南科学技术出版社，2017

[5]《探索时间之谜》，［加拿大］丹·福尔克 / 严丽娟 译，海南出版社，2016

致谢

记得2018年草长莺飞之际，我开始构思《时间之问·少年版》。怀揣着出版社的嘱托，我的思绪如植物般滋长，朝各个方向抽条发枝。之后，这些枝条的绝大部分虽已长大，却并没令我满意，因而无法逃脱被忍痛剪掉的命运。久违的灵感在绿树浓荫的夏至那一天悄然而至，冥冥中暗示我，夏日就应该走出家门，跟孩子到山间溪边，与星光虫鸣做伴。一家人就这么上路了。

初稿完成，我返回来补写全书的第一节。随着键盘声，最后一句话显示在屏幕上："是的，他（爸爸的心）已经到家了。"这行字立刻在我眼前模糊起来，只有镜片上的雾气和眼眶里温热的水珠在悄然流转。静下来后，我嗅出了这不期而至却又熟悉的感觉，它曾多次在我写作正酣时对我发动突袭。我自问：难道是这些小小的水滴浇灌了我的作品？这对于一本科普书来说似无必要，此前我一直如此认为。现在我明白了，它不属于理性的管辖之地，却是我们之所以是人类的凭据。

写作是一场修行，感谢所有支持和激（刺激）励（鼓励）过我的人。

感谢女儿和你纯真好奇的大眼睛。我们蜷在一起阅读、嬉戏、一问一答，你贡献了一个又一个的“为什么”。感谢家人，你们的陪伴为这个野外旅行故事提供了源源不断的灵感。

感谢行距文化做我坚实的后盾。身兼资深出版人和孩子母亲双重角色的毛晓秋女士，对书稿的完善提出了双份见解。她把诸多干扰屏蔽在我的笔尖之外，还跟博雅小学堂一起策划了本书的音频节目。

感谢广西师范大学出版社神秘岛公司的资深编辑们对本书的精心锻造，他们提出了知识盒子的好点子，并搭配了漂亮的手绘插图，还不遗余力地挑出隐藏的“虫子”。

感谢您，读者！只要书里的故事能使您生发一点儿兴趣的种子，我就会很高兴，相信这种子会在未来的时间里继续萌发。期待听到您的反馈意见，只需通过这个神秘的传输门：wangbo.i@qq.com。

谨向所有的少年致敬！

汪波

2020年1月1日